マリア・トゥーンによる実験結果にみられる黄道十二星座と自然要素の作用

葉の日
実の日
根の日
花の日
実／種の日

各星座は、自らの波動を古典的四大元素（水、光／空気、土、熱）を通じて大地と植物に与えています。各要素は星座を３つずつ、つかさどっています。12の星座があるので、４つのグループができ（８ページの図参照）、私たちはこれを４つの三角形と呼んでいます。

植物の４つの部分（根、葉、花、実／種）をそれぞれの三角形に分類しました。獅子座の領域は特に種に対して好影響を及ぼします。また私たちにとっては、これらのどの星座の前に月が位置するかということには重大な意味があります。植物の根に対して好影響をもたらす星座の前に月が位置する日を、私たちは「根の日」と呼んでいます。たとえば山羊座の前に月がきた日が「根の日」です。「根の日」に行うのは、根の植物の種まき、栽培、手入れ、収穫です。そうすることによって、最も品質がよくて利用できる部分が多く、最も保存期間の長い、つまり最も健康な作物を収穫することができるのです。根菜にはニンジン、アカカブ、ハツカダイコンなどがあります。葉の日、花の日、実の日、実／種の日にも同じことが言えます。

マリア・トゥーンの
天体エネルギー栽培法

進化したバイオダイナミック農法
実践本

マリア・トゥーン（Maria Thun）著
由井 寅子　日本語版監修
前原 みどり 訳

ホメオパシー出版

目　次

まえがき……7
　初版について……7
　再版について……7
黄道十二星座……9
宇宙とのつながり……10
　星座と関連する月……12
　惑星とその地球への影響……15
本書について……17
種まき……18
　根の日に種まきをする植物……18
　葉の日に種まきをする植物……19
　実の日に種まきをする植物……19
　花の日に種まきをする植物……20
　種子……20
土を耕す作業……23
植え付け……25
挿し木で殖やす……27
収穫と保存……28
　時間帯……30
土……32
　土を実験する……33
　土を耕す……33
　土の温度……36
根覆いをする……37
施肥する……37
堆　肥……38
　植物性の堆肥……42
　雑草から作る堆肥……42
　実験結果……43
　芝から作る堆肥……43
　動物性物質を早く堆肥化する……44
お茶を利用する……45
　お茶の作り方……46
ハーブから作る水肥……48
角堆肥調合剤と角水晶調合剤……49
牛糞調合剤……52
岩石の粉末……55
　玄武岩の粉末……55
緑　肥……56
　緑肥植物とその効果……57
輪　作……58
水やり……67
　水の質……68
温室にて……70
遅霜の危険……70
聖金曜日、聖土曜日……71
雑　草……72
　雑草対策にD8濃縮液……73
　予防策……76
　雑草から作る水肥……76

さまざまな雑草……78
菌類による植物の病気……80
スギナ……81
菌類病に対処するためのレシピ……82
さまざまな植物がかかる菌類の病気……83
果樹の菌類病に対処するレシピ……86
有害生物……87
キャベツとニンジンにつく有害生物……88
有害生物の生息数を調整する方法……95
根の植物……99
ニンジン……100
アカカブ……100
ハツカダイコン……101
セロリ……101
タマネギ……102
ニンニク……103
ジャガイモ……103
葉の植物……105
キャベツの仲間……106
キャベツ……106
コールラビ……106
カリフラワー……106
レタス……107
ノヂシャ……107
チコリ……108
ホウレンソウ……108
パセリ……109
芝……109
花の植物……111
バラ……112
ムギワラギク(ドライフラワー用)……113
ゼラニウムとフクシア……113
切り花……113
花の球根……113
薬　草……114
ブロッコリー……115
調合剤用植物……115
実の植物……117
エンドウとインゲン……118
レンズマメ……118
トマト……118
イチゴ……119
高木果樹と低木果樹……121
日本語版監修者あとがき……127
索　引……129
著者紹介……134
日本語版監修者紹介……134

まえがき

初版について

本書は、私たちが経験から得た結果を大まかに見渡せるようになっています。これらは、今までさまざまな雑誌に記事として載ったり、私たちの出版社から出ている書籍に掲載されたりした内容をまとめたものです。テーマはみな、家庭菜園を営むうちに突き当たる、栽培に関する疑問を中心に選んだものです。

私たちの試みは、生命エネルギー的農法に基づいて行われています。この農法はルドルフ・シュタイナーが1924年、農業経営者と園芸家のための講演、全8回コースのなかで推奨し、その後発展してきた農法です。

この農法は、今日代替農法として実用化が進められているなかで、最も歴史の古いものです。今まで行われてきた多くの実験で、この農法はほかの生物学的農法や旧来の農法と比較されてきました。

本書で繰り返し取り上げている調合剤や肥料、また有害生物や雑草の灰化などもルドルフ・シュタイナーの提唱を参考にしています。

長年の研究から、私たちは、宇宙との関連のなかで、この農法をあるときは細分化し、あるときは全体的に使う方法を編み出してきました。これは、農業や園芸を実践する方々に大いに役立つでしょう。

再版について

過去8年間、私たちはさらに研究を重ねてきました。ワイン用のブドウ栽培にお茶を利用するという案を実践すると、非常によい結果が得られました。

そこで自然と疑問がわいてきたのです。「野菜や穀物にもこの方法を使えないだろうか。そうすればもっとよい健康な作物ができるのではないか」と。

1994年、私たちはお茶の実験を開始し、この考えが正しかったことを証明できました。お茶は植物の健康と香りを引き出し、さらに収穫高の増加という結果ももたらしたのです。

また、私たちは惑星の影響というテーマに改めて取り組んでみました。すると、日食のときには悪影響を与える波動が生じることがわかりました。また、ある植物を1時間おきに栽培することによって、このような事実を時間的により詳しく測定し、評価しなおすことができましたし、また、私たちが初版でお勧めした事柄も、これに沿って部分的に変わっています。

本書は農家や園芸家の方々が植物を育てるのに、さらなる助けとなることでしょう。

Maria Thun

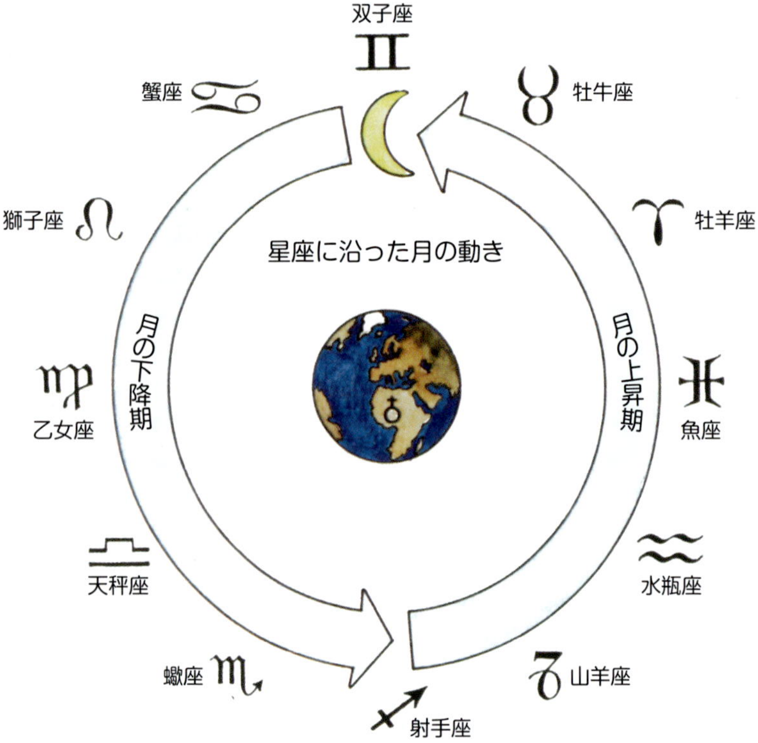
双子座
蟹座
牡牛座
獅子座
牡羊座
星座に沿った月の動き
月の下降期
月の上昇期
乙女座
魚座
天秤座
水瓶座
蠍座
山羊座
射手座

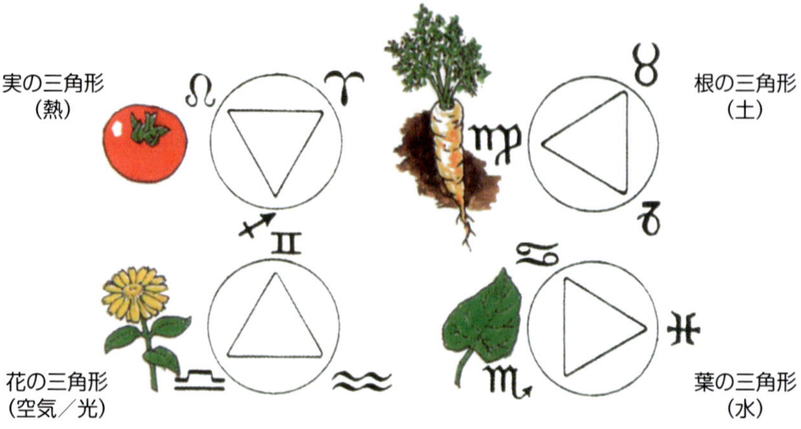
実の三角形
（熱）
根の三角形
（土）
花の三角形
（空気／光）
葉の三角形
（水）

黄道十二星座

十二宮からなる黄道の星座から、私たちは地球上で太陽の１年の動きを体験します。太陽を含めすべての惑星は、この十二星座に基づいて動いています。月と惑星が各星座の領域に移動するとき、これらの星座は地球に波動を送るのです(8ページの図参照)。

植物には、これらの星から発せられる影響を、自らの外見上に表す能力が備わっています。栄養物質、たとえば蛋白質、脂肪、炭水化物、塩分を作るときにも、植物は宇宙のリズムによって刺激され、成長が促進されます。

さまざまな植物の種を１時間おきにまいてみたときに、私たちは星座と星座の境界線、そしてある星座から次の星座への移行を発見しました。これにはたいへんな労力を費やしましたが、植物たちは私たちに、星座の個々の波動をはっきりと示してくれました。月が地球に接近するとき（近地点）と地球から遠ざかるとき（遠地点）に、星座が移動するのです。近地点と遠地点は、私たちが発している冊子『種まきの日』に利用できるようにするため、毎年毎年きちんと確定しなければなりません。

太陽は現在、次のような期間ごとに、下記の星座の前に位置することになっています。

- ３月11日～４月17日：魚　座
- ４月18日～５月12日：牡羊座
- ５月13日～６月19日：牡牛座
- ６月20日～７月18日：双子座
- ７月19日～８月９日：蟹　座
- ８月10日～９月14日：獅子座
- ９月15日～10月31日：乙女座
- 11月１日～11月18日：天秤座
- 11月19日～12月18日：蠍　座
- 12月19日～１月17日：射手座
- １月18日～２月13日：山羊座
- ２月14日～３月10日：水瓶座

宇宙とのつながり

ルドルフ・シュタイナーの小品『思考を実用的に組み立てる (Die praktische Ausbildung des Denkens)』は42年前、それまでになかった見方で植物というものをとらえるきっかけを私たちに与えてくれました。それからまもなく私たちは、同じ栽培条件下、たとえば輪作前の作物、肥料、種苗などでも、著しい差異が生じることに気がつきました。あるカブは、同じ大きさの別のカブより収穫量が多かったのです。栽培条件が同じであるからには、その原因は「空間」── ひとまずそう呼ぶことにしましょう ── にはないはずだから、「時間」のなかを探さなければなりません。こうして皆様が本書で目にする結果をもたらした研究の数々が始まったのです。

すべての有機的なプロセスは「時間」のなかで繰り返されるということを私たちは知っています。このような経過は、ある一定のリズムで戻ってくることが多いのです。最も よく知られているのは昼と夜のリズムで、

カリフラワー：種まきの日の宇宙的側面は「収穫物」の形成に表れる。
葉の日に種まきをしたカリフラワー（左右）は花芽がしっかりと詰まっており、
花の日に種まきをしたほう（中央）は目が粗く、すぐに傷む。

これが人間の意識に非常に大きな差（目覚めている状態、睡眠、夢を見ている状態）を生じさせているのです。この昼と夜のリズムが起きるのは、地球が自転しているからです。太陽に向いている側は昼で、その反対側が夜です。

１年の経過もまた、絶えず繰り返すリズムです。地球は１年をかけて太陽の周りを移動します。1月初旬、地球は近日点におり、7月の初めには遠日点にいます。

春夏秋冬の季節の移り変わりは地軸の傾きによって生じます。地球の回転軸は地球の軌道面に対して垂直ではなく、約66°傾いているため、完全に暗黒となる冬と、明るさが絶え間なく続く夏とが交互に入れ替わるのです。その間に、穏やかな季節である春と秋があります。これに対し赤道直下では、昼と夜の長さは一年中変わらず全く同じ長さ、つまり12時間ずつです。

地球上の生命プロセスは、地球と太陽の関係に左右される季節のほかに、ほかの惑星と月のリズムにも影響されています。惑星とは水星、金星、火星、木星、土星、天王星、海王星、冥王星です。植物は、太陽と月、そして惑星から放出されている波動を、自らの「体」の形成と成長を通じて体現する（たとえばレタスの結球）のです。また、蛋白質、脂肪、炭水化物、塩の含有量もこれによって決定されます。

私たちが研究を進めていくうちに、ある根本法則がどんどん明らかになっていきました。十二宮の星座が、植物の成長に関して大きな意味を持っているのです。植物たちは太陽、月、惑星に反応し、これらの天体は古典的元素である熱、光／空気、水、土を通じて自らの力を植物たちに伝えています。種まきの時期 ── いつ種を大地にゆだねるか ── が最も大きく影響します。栽培時期 ── いつその植物を別の場所に植え替えるか ── も同等に大きな意味があります。この時期が、種まきの時期の波動を強めたり弱めたりするからです。

同様に、耕しの時期も重要です。耕すことによって、宇宙からの波動が入るよう、大地を開くからです。この時期が妥当であれば、植物の成長は活発になります。

前年に収穫したタマネギを５月に撮影。葉の日に収穫したもの（左端のAK）は腐敗している。実の日と花の日（WKとLK）に収穫したものは芽が伸びている。根の日に収穫したタマネギ（EK）だけが、収穫した前年の９月に収穫したときと変わらずしっかりしており、次の８月までそのままもつ。

また非常に決定的な意味を持つのは、収穫の時期です。たとえば種子や、その植物の繁殖を担う部分を、不適切な時期に収穫すると、翌年は病気になったり成長が弱々しくなったりします。貯蔵用の作物を不適切な宇宙の波動の下で収穫すると、貯蔵しても腐敗しやすいのです。

このような「適切な時期」については、18〜31ページの、個別の植物に関する私たちの研究結果をまとめた個所でお読みください。また、99ページ以降にも、さらなる結果について述べてあります。

星座と関連する月

月は27.3日で地球の周りを一周します。この間に、月は十二宮の星座の前を通り過ぎます。２日から４日かけて、月はある星座から隣の星座へと移動します。月は各宮の前を通るとき、古典的四大元素（熱、空気／光、水、土）を通じてその星座の力を地球に伝えています（１ページの図と、下表参照)。

３つの星座で１つの三角形が形成されています。黄道の星座は十二宮なので、３つの星座を含む三角形が４つできます。それぞれの三角形には古典的元素が１つ当てはめられています（８ページの図参照)。

最初のころは私たちも、植物調査には気候の観察が必要であることを、なんとなく感じているだけでしたが、観察をするうちにすぐにわかったのは、ここにも規則性があるということでした。植物の葉がよく成長したのは、その種をまいた日が水気と密接な関係があったときでした。一月のうち､湿度が最高の日と降水量が最高の日は「葉の日」だったのです。気候の観察からはまた、古典的四大元素が植物の体の部分をつかさどることがわかりました(下表参照)。先に述べたように、月は２〜４日ごとに隣の星座の前に行きます。これは、２〜４日で個々の波動が入れ替わることを意味しています(たとえば、２〜４日で水から熱へと替わっています)。月は約９日間で、同じタイプの３つの星座からなる力の三角形の１つの前を移動し、その間は同じ波動が働くのです。私たちは三角形の

植物研究と気候観察の結果から得られた規則性

星 座	四大元素	局地気候	植物の器官
魚　座	水	多湿／降水あり	葉
牡羊座	熱	暖かい	実
牡牛座	土	涼しい／寒い	根
双子座	空気／光	風がある／明るい	花
蟹　座	水	多湿／降水あり	葉
獅子座	熱	暖かい	実／種
乙女座	土	涼しい／寒い	根
天秤座	空気／光	風がある／明るい	花
蠍　座	水	多湿／降水あり	葉
射手座	熱	暖かい	実
山羊座	土	涼しい／寒い	根
水瓶座	空気／光	風がある／明るい	花

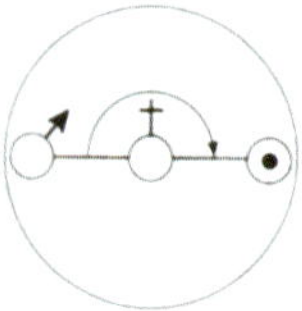

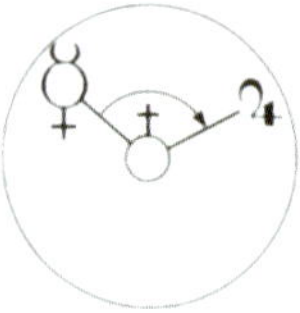

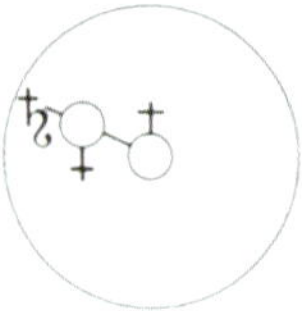

左：通常は、月が前にきている星座が 植物たちに波動を与えるはずだが、図に示された惑星の位置は、その波動を変えてしまうことがある（♁ は常にその外側の円の中心を表している）。

上：
火星（左）と太陽（右）の衝（しょう）。

中：
水星（左）と木星（右）との三角形。

下：
土星（左）と金星（中央）の合（ごう）。

右：植物にネガティブな波動がもたらされるのは、たとえば２つの惑星が、互いの軌道が交差する点で出会ったとき（交点のとき）。これで暗闇になる条件ができる。このような日には種まきをするべきではない。

リズムに合わせて土を耕したり砂利をまいたりすることで、種子が受け取った波動に新たに刺激を送るのです。

しかし、これらの根本法則がいつでもあてはまるわけではありません。惑星の対面状況によって波動が変化することもあり、ある三角形がいつもとは別の古典的元素を活性化し、これがその日に月から伝わるのです。２つの天体の合（ごう）は悪影響を及ぼします。

ネガティブな力が作用するのは、月が地球の軌道（黄道）を上または下に横切る日です。月や惑星が、それぞれの軌道の交差点（交点と呼ばれる）で出会うと、さらにこの力は強まってしまいます（上図参照）。これにより暗闇が生じ、２つの天体のうち、より近地点にある天体がより遠地点にあるほうの力を遮断したり変化させたりします。この時期は種まきにも収穫にも向いていません。

このような日は、算出表をほんの少し見ればわかるようになっています。種まきのアドバイスに従って庭仕事をするのに、何も天文学の知識を使う必要はありません。私たちは、このような惑星の作用の変化や悪影響をすべて、『種まきの日』という冊子に記載しています。この冊子はM. Thun 出版から毎年、改訂版が発行されています。

惑星とその地球への影響

天候に合わせて働くことができるよう、惑星たちもまた太陽や月と全く同じように、古典的四大元素である 熱、土、空気／光、水を、地球へ影響を与える媒介として使っています。

下表のように分類できることが確認されています。

惑星と太陽	元素	星座
土星、水星、冥王星	熱	牡羊座、獅子座、射手座
太陽	土	牡牛座、乙女座、山羊座
木星、金星、天王星	空気／光	双子座、天秤座、水瓶座
火星、月、海王星	水	蟹座、蠍座、魚座

惑星＝自ら動く天体

上記の惑星が、同じ元素の作用を持っている星座の前に位置しているとき、その力は強くなります（例：水星が牡羊座の前にあるとき）。一方、別の元素の力を持っている星座の前にあるときは、その力は弱まるか、地球に対して何の影響も及ぼしません。

例をいくつか、以下に述べたいと思います。

水星のような熱の惑星が牡羊座の前に移ると、その惑星の力は強まります。しかし牡牛座の前では、この惑星の熱の力は全く感じられません。熱の力が寒気の力に変換されてしまうからです。水星が、たとえば蠍座のような水の星座の前に来ると、熱の力のために雨が降りやすくなることもあります。

金星が、天秤座のような 空気／光 の星座の前に移動するときは、晴れて日照時間が長く、澄んだ空気が広がる傾向があります。しかし金星

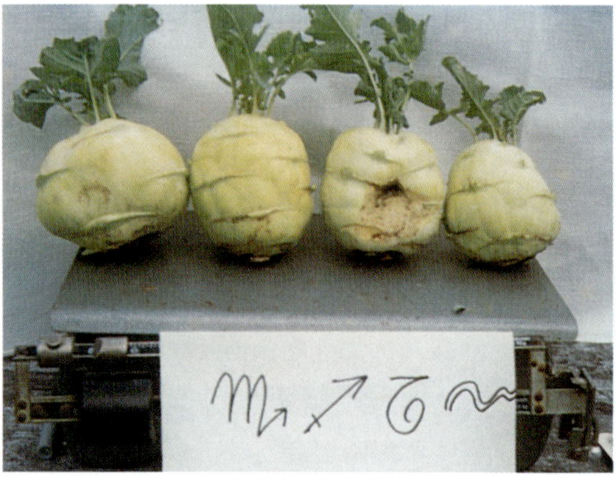

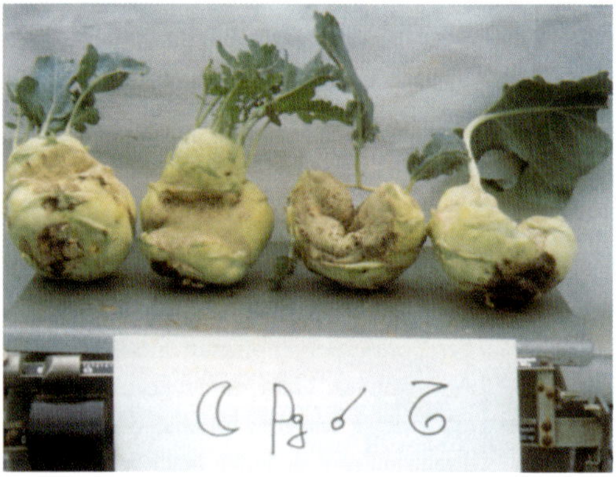

コールラビ
品種名：White Roggli's

左から1つめ：
葉の日に種まきをすると、横長で非常に柔らかいコールラビができた。

左から2つめ：
実の日に種まきをすると、縦長の「実」になり、すぐにぼろぼろになる。

左から3つめ：
根の日に種まきをすると、中身がガサガサの実ができ、すぐに木質化する。

左から4つめ：
花の日に種まきをすると、真ん中から勢いよく花を咲かせる実ができる。

これらのコールラビは月が近地点にあるときに種まきをしたものである。各 50 株からそれぞれ 25 株はこのような実になった。

が土の星座、たとえば乙女座の前に行くと、夜は冷え込み霧が発生するように作用します。水の星座の前では、金星の空気／光の力は作用しません。

月や水に影響を及ぼす惑星が、やはり水との関連性を表している星座の前に移ると、雨が続くことを計算に入れたほうがよいでしょう。

影響力のある要素はほかにもたくさんあります。たとえば、惑星どうしの衝（しょう）や、ある惑星と太陽との衝は最も成長を促す力を及ぼします。天王星は電気との関連性が立証されており、また海王星は磁気と、冥王星は火山活動と関連していることがわかっています。

本書について

私たちの経験上、園芸家や農家にとって、惑星や星座その他の大気圏外の領域からの諸要素には、重大な意味があります。私たちは毎年『種まきの日』という小冊子を発行し、そのなかで、その年に応じて、種まき、植え付け、手入れ、そして収穫と保存に適した日と適さない日が調べられるようになっています。

Aussaattage Februar 2002

Dat. ☾ v. Sternb.	Konstellat.		Element ☾	Fruchtorganimpuls durch ☾ oder Planeten	
1. Fr ♍	☉ - ♑		Erde	Wurzel Pflanzzeit	St V
2. Sa ♍			Erde	Wurzel	
6. Woche					
3. So ♍			Erde	Wurzel	
4. Mo ♎ 4			Er/Li	Wurzel bis 3, ab 4 Blüte	K
5. Di ♏ 11			Li/Wa	Blüte bis 10, ab 11 Blatt	St
6. Mi ♏			Wasser	Blatt bis 4 und ab 9	
7. Do ♐ 21		☋16	Wa/Wä	Blatt bis 14 und von 18 bis 20, ab 21 Frucht	
8. Fr ♐	◡21		Wärme	Frucht am 7. # Pflanzz. Ende20	
9. Sa ♐			Wärme	Frucht bis 20	
7. Woche					
10. So ♑ 7		♂☊14	Wä/Er	-------------------------	St
11. Mo ♑	△		Erde	Wurzel bis 10, ab 16 Blatt	K V
12. Di ♒ 14	●9		Er/Li	Wurzel bis 13, ab 14 Blüte	
13. Mi ♒			Licht	Blüte	
14. Do ♓ 17		Ag23	Li/Wa	Blüte	
15. Fr ♓	☉ - ♒		Wasser	Blüte bis 2, ab 3 Blatt	
16. Sa ♓			Wasser	Blatt bis 12, ab 13 Blüte	
8. Woche					
17. So ♈ 21			Wa/Wä	Blatt bis 20, ab 21 Frucht	K V E
18. Mo ♈			Wärme	Frucht	K
19. Di ♉ 21			Wä/Er	Frucht bis 20, ab 21 Wurzel	
20. Mi ♉			Erde	Wurzel bis 20	K
21. Do ♉		♄●	Erde	Wurzel von 4 bis 22	
22. Fr ♊ 16	☊7	☿☋5	Er/Li	-------------------------	St
23. Sa ♊	⌓12	△ ♃●	Licht	Wurzel v. 5 - 16, ab 17 Blüte * Pflanzz. Beg.13	
9. Woche					
24. So ♋ 16			Li/Wa	Blüte bis 16, ab 17 Blatt	St
25. Mo ♋			Wasser	Blatt	V
26. Di ♌ 2			Wärme	Frucht ab 2	St
27. Mi ♌	⊕10	Pg21	Wärme	Frucht bis 10 ------------	
28. Do ♍ 9			Wä/Er	------------- ab 9 Wurzel	

Pflanzzeit

22

Merkur	Venus	Mars	Jupiter	Saturn	Uranus	Neptun	Pluto
♑	♑	♓	♊	♉	♑	♑	♏
	9.♒	28.♈					

Notizen:

1.
2.
3.
4.
5.
6.
7.
8.
9.
10.
11.
12.
13.
14.
15.
16.
17.
18.
19.
20.
21.
22.
23.
24.
25.
26.
27.
28.

Monatsbetrachtung Februar 2002

Der Februar ist noch sehr geprägt durch den Gang von 4 Planeten vor Sternbildern, die das Erdenelement vermitteln, das bringt eigentlich Kälte. Mars und Pluto unterstützen aus Fische und Skorpion Wässriges, das wird noch reichlich kalte Niederschläge zur Folge haben.
Venus rückt am 9. vor die Lichtregion Wassermann, dort kommt sie in Trigonstellung zu Jupiter, sodass zuweilen mit sehr hellen Tagen gerechnet werden kann. Leider gibt es in diesem Jahr überhaupt keine Wärmetrigone.

Imker: Diese Lichtzeiten verführen die Bienen zum zeitigen Reinigungsflug, in frühen Lagen zur Pollentracht und somit zu frühem Brüten.

Pflanzzeit: vom 1. bis 7.2. 20 Uhr und ab 23.2. 13 Uhr, günstig auch für Baum-, Wein- und Heckenschnitt.

Reiserschnitt zum Pfropfen von Obst und Wein am 17. und 18. 2. günstig.

Reiserschnitt für Heckenblütenpflanzen am 16. ab 12 Uhr und am 24. bis 16 Uhr. Für Rosen eignen sich die Blütentage zwischen dem 15. 2. und 11. 3.

Zwillingstage sind sehr geeignet für Stecklinge

23

M.Thun 出版発行の『種まきの日 2002 年』より、見本ページ

日本版は『種まきカレンダー』(ぽっこわぱ耕文舎・監修、イザラ書房)として出版されています。
(135ページ参照)

種まき

いつ種子を大地に託すかが、いちばん重要な問題です。したがって最適な日を見つけるには、まず、自分が収穫したいのは植物のどの部分なのかを考える必要があります。ニンジンの種なら、収穫を目指すのは根の部分です。そのため、根にとって最適な日（13ページの表参照）に種まきが行われるべきなのです。私たちの長年の経験から、植物は４種類に分類することができます。根の植物、葉の植物、花の植物、実の植物です。根の植物の種まきは根の日に行います。葉の植物なら葉の日に、といった具合です。お探しの植物が本書で見つからない場合は、ご自分で分類してみるとよいでしょう。単純に、何を収穫したいのかを考えるのです。そうすると、どのタイプの植物かが決まります。

根の日に種まきをする植物

この植物の「収穫物」は根の部分で形成されます。根セロリ、スウェーデンカブ、ニンジン、パースニップ、ダイコン、アカカブ、セイヨウゴボウ、根パセリがこれの仲間です。最もよい状態で収穫し、長期保存が可能なのは、根の日に種まきをした場合です。ジャガイモ、タマネギ、ニンニクも同様です。

その後の植物に最も影響を与えるのは、種まきである。

インゲンは
実の植物。

ホウレンソウの入ったかご。葉の日に種まきをしたものは、ほかの日に種まきをしたものに比べて収穫量が約30%多かった。

葉の日に種まきをする植物

このグループにはキャベツの仲間の大部分が属し、コールラビとカリフラワーもこの仲間です。ただしブロッコリーは別です（花の植物）。ほかに、サラダ菜、レタス、エンダイブ、チコリ、ホウレンソウ、アスパラガス、ウイキョウ、芝など。パセリや、エーテル油を含まないハーブもこれにあたります。

実の日に種まきをする植物

このグループに属するのは、種子やその周りを収穫する植物です。インゲン、エンドウ、レンズマメ、大豆、トウモロコシ、トマト、パプリカ、すべてのカボチャ属、ズッキーニ、キュウリ、そして夏作・冬作を問わず、すべての穀類がこの仲間です。

花の日に種まきをする植物

花の植物には、花、球根の花、ブロッコリーや多くの薬草が属しており、また私たちが生物エネルギー的肥料を作る（41ページ参照）ときの原料となる植物たちも、この仲間です。種まきだけでなく、花の植物の手入れも花の日に行われるべきです。

種子

よい種苗を得るために重要なのは、種子を収穫することだけでなく、その種子の品質もまた決定的に重要です。種子は、菌類の被害を受けることなくその植物の健康な成長が可能な状態でなければなりません。さらにその植物は、実をつけ種子をなすまで成長する能力がなくてはなりません。私たちの作物植物は、種子を形成する前に、食用となる部分が完全に成長しきることがよくあります。食用とするのは、種子を収穫対象としないときです。

種苗を得るには、種子を形成する前に、とりわけきれいな実をつけた植物から種子を採るように注意しなければならない。
左の写真はハツカダイコンの花（上）とブロッコリーの花（下）。

種まきをする
──サラダ菜の場合

1. 種まきは適切な波動の下、葉の日に行う。
2. きれいで立派なサラダ菜に成長するまで、手入れも必ず葉の日に行う。
3. 収穫できるくらい大きくなったら、種子を力強く形成させるよう、手入れの日を実の日または実／種の日に切り替える。
4. 種子は葉の日に収穫する。そうすることによって、その種子から育つサラダ菜は、翌年「実を形成する」── 結球を形成するための、いわば前払いをもらうことになるのである。

きれいな結球ができなかったサラダ菜から種を採ると、その種から成長したサラダ菜もよい結球はできません。サラダ菜の種まきや手入れは葉の日に行うのがいちばんです。目の詰まった結球ができたら、手入れは実の日か、実／種の日に行います。そうすることで、力強い、よい種子を作ることができます。そして収穫はやはり ── 種からできた立派なサラダ菜を昼食に出したいと思ったら ── 葉の日に行いましょう。ちなみに、カリフラワーにもコールラビにも同じことが言えます。

多くのキャベツの仲間やニンジン、アカカブ、セロリ、飼料用ビートは、翌年その種子を採るため苗床で冬を越します。翌春、実の日または実／種の日に、植え替え、手入れをします。そしてその種苗は翌年、その植物の収穫する部分に合った日、たとえばニンジンなら根の日に採ります。

アカカブやセロリ、ビートが最初の年に花や種を立派につけると、翌年その種から成長した株はよい根菜になることができません。

キュウリやトマトのような実の植物を、種子を採取するために栽培するなら、種まきは獅子座の波動、つまり実／種の日に行うことをお勧めします。その後の手入れも実の日または実／種の日にするのがよいでしょう。収穫は実／種の日に行うこと(獅子座の波動の下で)。

適切な日に種まきをするのが不可能だったときは、その後必ず適切な日時に耕すよう、気をつけなくてはなりません。そうすることによって、種まきの日に受けたネガティブな宇宙の波動が弱まるからです。

自分で種子を採取する――インゲンの場合

種子を採るために実の植物を栽培するなら、種まき・耕し・手入れ・収穫いずれをするにも、実の日か実／種の日を選ぶべきである。

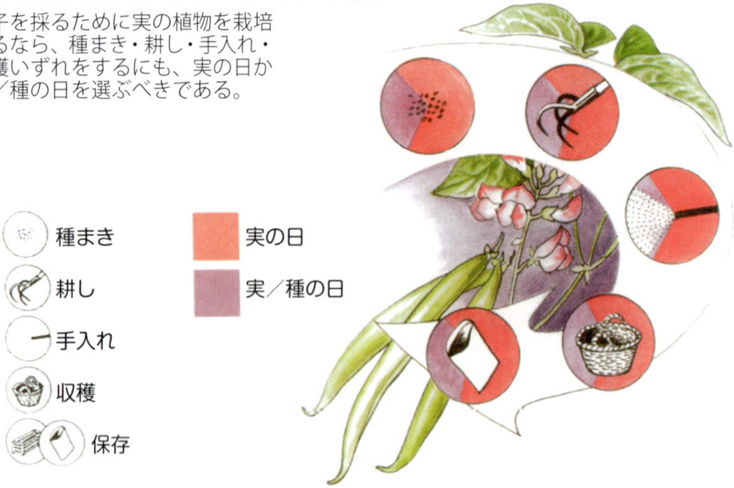

土を耕す作業

土を動かすとき、つまり耕すときも種まきのときも、宇宙の力が地の中に入り、植物の成長に対してポジティブにもネガティブにも影響を与えることができます。したがって、それぞれの植物にとって適切な日を選ぶことがとても重要なのです。適切な日を利用するために悪い天候条件を避けるには、月がまた同じ力の三角形の前に戻ってくるまで約９日間待つことになります。

もし不適切な日に植物の周りを耕すと、適切な種まきの日や植え付けの日に得たポジティブな効果が弱まってしまいます。

耕す作業の際にも、種まきのときに得たのと同じ波動が望まれます。たとえばレタスの種は葉の日にまかれ、葉の日にその周りが耕されます。

私たちが掘る深さは約３cm です。それ以上掘るのはお勧めしません。こうして窒素の多い空気を土の中へ入れることができます。

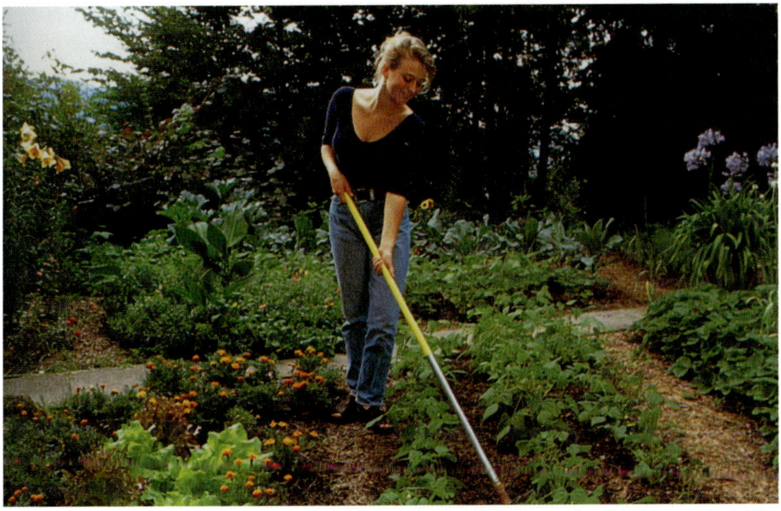

耕す作業は種まきの日と同じ種類の日に行う。

秋に畑を耕作すると、土の中には十分バクテリアが生息でき、このバクテリアが窒素を土(とそれに付随するもの)を結びつけます。私たちの経験上、耕すという作業はある意味、肥料のような効果を生むのです。

また、耕す作業には、時間帯の特徴も利用しましょう。朝、土は息を吐き出しています。そのため、朝に土を耕すと、過剰に水分を含んだ土なら、湿気を吐き出すことができます。夜、土は息を吸い込んでいます。そのため夜に土を耕すと、乾きすぎた土が周囲の湿気を吸い込み、土中に水分を取り込むことができます(67ページ参照)。

耕す作業を比較すると、次のような結果が出ました。

— 根の日に耕すと窒素の結合が促進され、
— 葉の日に耕すとカルシウム代謝を活発にし、
— 花の日に耕すとカリウムとリンの活動がより活発になり、
— 実の日に耕すと硫黄プロセスが活性化する。

レタスは葉の植物の仲間。

植え付け

苗や樹木など、植物をある場所から別の場所の土へと移すことを植え付けといいます。植え付けの時期としては月の下降期を選ぶべきです（くれぐれも細くなっていく月＝下弦の月と間違えないように。8ページの図参照）。

月の下降期とは？

月は、約27日で地球の周りを一周します。最も低い位置（射手座の領域）から最も高い位置（双子座の領域）まで行くのが上昇期の月で、最も高い位置から最も低い位置に行くのが下降期の月です。

月の下降期、土は息を吸い込み、力と水分の流れが植物の下の部分に集中します。根の成長がよりよく、強くなります。これが、この時期に植え付けする有利な点です。上昇期には、土は息を吐き出しており、したがって力は植物の上の部分に集中します。

月の下降期は、植え付けのほかにも、草地や牧草地の施肥やマメ科植物の種まきに非常に適しています。

南半球では、この法則は逆になります。

葉の植物の植え付けに、葉の日である蟹座の日または蠍座の日を選ぶと、ポジティブな波

植え付けは必ず月の下降期に行う。この時期、植物の下の部分に力が流れているからである。これで、より早く、よりよく根が育つ。

動はいっそう強まります。根の植物を、植え付けの期間中の根の日である乙女座の日に、そしてキュウリやトマトを実／種の日である獅子座の日に植え付けるのも同様です。

花の球根を植え付けるのは、11月、植え付けの時期（月の下降期）の花の日がお勧めです。

チューリップ(上)と
スイセン(下)。
どちらも球根の花。

挿し木で殖やす

挿し木は、できるだけ早く根付かせるべきです。そのため、挿し木には月の下降期を選びます（「植え付け」の項参照）。力が根の形成に向かい、より早く、よりよく根付くよう働くからです。

さらに、収穫物のタイプ ── 葉の植物か花の植物かなど ── にも注意しましょう。花の植物であるセントポーリアが最も多く花を咲かせるのは、月が双子座の位置にあるときに葉を挿し木した場合です。

挿し木用の枝は、月の上昇期に切り取り、涼しい場所で保存します。湿らせた紙にくるんでおき、植え付けの時期に土に植えましょう。切り取るときも、土に植えるときも、その収穫物のタイプを考慮しましょう。

フクシアから挿し木用の枝を切り取る。

収穫と保存

基本的に、収穫に最適な日とは、種まきに最適な日のことです。つまり、根の植物は根の日に収穫し、花の植物は花の日に、実の植物は実の日に収穫するのです。

例外は葉の日で、葉の日は保存用の葉野菜には向いていません。葉の日に収穫すると、葉野菜は長持ちしないのです。代わりに花の日か実の日を選びます。キャベツタイプの野菜なら花の日を選びます。しかしここで強調したいのは、この例外はあくまで保存用の葉野菜だけ、ということです。野菜を収穫してすぐに台所で調理するなら、どの日がよいか考える必要はありません。その場合は根本法則「新鮮なものほどよい」が適用されます。

果物の収穫には、月の上昇期の実の日が最適で、根の植物には根の日を選びます。その理由は前項で述べたとおり、月の下降期には力と水分の流れが下に向かい、月の上昇期には上に向かうからです。

イチゴの収穫は花の日または実の日に行うと成功します。そのほうが基本的によりおいしく、また長持ちします。

香辛料野菜や薬草については、次のようにお勧めします。葉と花の部分を薬に使う植物は花の日に収穫し、薬として使うのが種や野生の果

果実の収穫には実の日を選ぶ。月の上昇期間中の実の日である。その時期、植物の上のほうに力が流れていくからである。また、その時期に収穫すると保存能力が著しく高まる。

果実の収穫

実なら実の日に、根は根の日に収穫します。この法則を守れば、よい香りを確保できるでしょう。保存するなら花の日を選ぶことです。

収穫してすぐに使う料理用のハーブなら、当然、使う直前に摘みます――どの日かは関係ありません。

収穫に関してこれまでに述べたことはすべて、ジュース、ゼリー、ジャム、乳酸を利用した野菜の漬物、ザワークラウト、ドライフルーツなど、保存にも当てはまります。プルーン、サクランボ、ローズヒップ、リンゴジュース、洋ナシジュースはたいへん上手く煮詰めることができ、パンに塗るものとしてすばらしい出来になるでしょう。葉の日などの不適切な日（この日はとにかく何もしないのがいちばん）に収穫すると、これらのジャムにすぐにかびが生えることがわかっています。またこの不適切な日に、お茶用の花や葉を収穫するのもやめておくべきです。芳香が台なしになってしまいます。

アドバイス ―― 収穫時期

根の植物を収穫後、越冬させるなら：月の下降期の、根の日が最適（注意！葉の日ではない）
実の植物：実の日に収穫する。保存する果物なら、月の上昇期の実の日を選ぶ。
葉の植物：保存用なら花の日または実の日に収穫する。ハーブやお茶の葉も同じ。ザワークラウト用のキャベツも同様。
花の植物：花の日に収穫する。

ヒント

その日のうちに使うために野菜を収穫するなら、当然「新鮮なものほどよい」ので、何の日かに関係なく収穫してよい。

時間帯

朝のうちと午前中は力が下から上へと向かいます。そのため、この時間帯に収穫されたサラダ菜は、新鮮なまま長持ちします。午後と夕方は力の流れが下方へ、根のほうへと向かいます。したがって、根の植物の収穫に最適です。正午とその前後は不適切なので、何も収穫しないこと。

午前中は、力は下から上へ向かうので、この写真のシロキャベツのような葉の植物の収穫に向いている。

午後は力が上から下へ向かう。そのため、タマネギのような根の植物の収穫に向いている。

土

私たちの畑の土は、古典的四大元素である水、空気、光、熱の影響で風化した岩石を土台としています。岩石の種類によって、さまざまな個性を持った土ができます。たとえば石灰を含んだ土の畑です。風化した岩石は、私たちの畑の土の中で、鉱物質・無機質の部分を構成しています。この部分だけでは農業も園芸も営めません。このほかに有機物が必要なのです。土中の有機物は、土の無機質の部分と有機質の部分を「分解」し、全部まとめて新たな土、肥沃な土地を生み出すのです。土は生きています。私たちは有機物から発生した生命力の助けを借りて、風化した岩石部分の生命レベルを半段階上へ、植物のほうへと引き上げました。私たちはこの岩石を土台と呼びます。

この岩石が風化すると「粘土」ができます。「生命」は植物から放出されます。私たちはこの「生命」を堆肥の中にしっかりと封じこめます。

ヒマワリ（後方）と亜麻（前方）で長年実験してきて、確信はますます深まった。実の日に種まきをすると、種の収穫量が最も多い。

こうして堆肥が「粘土」に命を与えるのです。
「動き」は生物に特有の性質です。生物が死ぬと、体から魂が抜け出て、「動き」だけがその死んだ体に残り、腐敗するのです。「動き」は肥料を作る際、土中の有機物の助けを借りて生命プロセスと感覚プロセスに変容します。角、骨、皮膚、髪、羽毛や羊毛、豚毛などが堆肥化という道を通らずに肥料になると、「動き」という性質は植物に入り込み、有害生物を引き寄せることになります。
「（岩石から生まれた）粘土」「生命」「（生物の）感覚」という３つの要素は、人間が土を耕すとき、土が宇宙の力を取り込めるようにしてくれます。園芸家も農家も、それに最適な宇宙の波動を利用するべきです。そうすることで、人間に健康的な食物を提供してくれる植物が育つのです。

土を実験する

太陽がどの星座の前に位置しているかで、土の実験結果が変わるということを、私たちは今まで繰り返し確認してきました。実験結果を比較することができるのは、同じ畑を別の年の全く同じ時期に使ってみて得られた場合のみです。
北半球では、太陽が牡牛座か乙女座の前に位置しているときに、土中の窒素化合物が最も多くなります。南半球でそうなるのは山羊座のときです。
月も、耕す作業のときに土中の窒素量を左右します。月が牡牛座・乙女座・山羊座の前にあるときに、耕す作業をすると、窒素含有率が最も高くなります。

土を耕す

土が動くときは必ず、宇宙の力が土の中に流れ込みます。だからこそ土を耕す作業はいつも、その植物に適した時期に行うべきなのです。その適切な時期とは、種まきの時期と同じです。たとえばサラダ菜のような葉の植物なら、種まきも土を耕す作業も葉の日に行います（例外105ページ）。

土を耕す時期を利用すると、雑草の発芽が、私たちに有利に働くようにすることができます。「雑草」の項（72ページ、36ページの図）をご参照ください。正午とその前後は土を耕すべきではありません。不適切な時間帯であることがわかっているからです。

秋

最後の作物を収穫したら、もう翌年の準備を始めてもよい時期です。もしまだ時間が十分あるなら、土を耕してならした後、緑肥の種をまくとよいでしょう。当然ながら緑肥に使う植物は、有意義に補える作物を植えるべきです（58ページ参照）。

少なくとも3年ごとには、苗床を土塊がごろごろした粗雑な状態のまま冬を越させたほうがよいです。そうすることによって冬の間中、土は宇宙の力を取り込むことができるのです。Gießen（ギーセン）大学のvon Boguslawski（フォン・ボグスラヴスキ）教授とDebruck（デブルック）博士の下で、23年にわたってさまざまな耕し方の実験が行われ

冬の畝：徹底的に畝を作り、冬を越すと、春にはその土地の質が最高によくなるということが、十数年も前から、実験・比較によってわかっている。

「モグラの丘」がある土地はたいへん肥沃である。ポジティブな冬の力を取り込んだからである。

ました。そして彼らは、冬に畝を作っておくのが、ほかのどの方法よりもよい結果をもたらすという実験結果を得たのです。

自然界でも、冬に土を開いておくとポジティブな波動が土中に入るのがわかる出来事があります。暖冬のとき、低地の草地で土中の湿気が高すぎると、モグラがその草地を丘陵地帯に変貌させます。これで、この土地は宇宙からのポジティブな冬の力に身をさらすことができるのです。農家や園芸家なら、モグラの作った丘だらけの土地の長所を知っていて、種まきや草地の施肥に好んで利用します。

春

春、土が渇いたころが、土を耕しはじめる時期です。種まきのために、土をよく掘り返し、耕します。苗床がひどく雑草に覆われてしまっている場合は、月が獅子座の前にいるときに作業をするとよいでしょう。そうすることで雑草が芽を出すよう、刺激するのです。その後は10～14日間、畑をそのままにしておき、種まきに適した星位（根の植物なら根の日）が来るのを待ちます。その日が来たら、もう一度土を掘り返し、雑草の芽たちも全部掘り起こします。これで種まきができます。このようにして準備された種苗には、その後、雑草の問題は生じないことがわかっています。

ひどく雑草に覆われている苗床を春に掘り起こす。

左　：春、月が獅子座の前にあるとき、水分が飛んだ土地をよく掘り起こす。この星位によって、雑草の種は発芽へと刺激される。
中央：その後10～14日間そのままにし、種まきに適した星位を待つ。その時期が来たらもう一度土をよく掘り返す。芽を出した雑草もこれで掘り起こされ、除草ができる。
右　：これで種まきや植え付けができる。たとえば月の上昇期の葉の日にサラダ菜を植える。

春、私たちは施肥はしません。動きのある堆肥の働きは、病気や有害な動植物を引き寄せることがわかっているからです。施肥をするのは秋です。

掘り返す深さ

種まきの前に、少なくとも10cmの深さに土を掘り返すと、宇宙の波動は最も強く作用します。

種まきの後、土を耕すときは深さ3cmだけにしておきましょう。土の中に空気を入れ、また宇宙の力が流れ込みます。土を耕すことによって、窒素、カルシウム、カリウム、リン、マンガンやさまざまな微量元素の状態を変えるのです。耕す作業をせずに、土の表面に常にふたがされた状態だと、結果的によい収穫物が得られません。

土の温度

土の温度が高くなる時期が決定的な意味を持ちます。古典的四大元素である熱が鉱物の中で活動を始めると、植物も順調に成長するのです。この時期についても、毎年『種まきの日』に載せています。この時期は宇宙の影響によりますが、早ければ3月末、遅ければ5月中旬に来ます。

根覆いをする

根覆いというのは、土を有機物（葉や干し草）または無機物（ビニールなど）で覆うことですが、もし根覆いをするなら、有機物による覆いだけを使用するべきです。

覆いには雑草を押さえつけ、乾燥する季節には土を守るという利点があります。しかし重大な欠点もあります。有害な動植物の温床になってしまうのです。特にナメクジは、かくまってくれる場所か、子供部屋かのように集まってきます。したがって、土を覆うことによって何をなしたいのか、彼らが侵入してくる前にきちんと考える必要があります。

私たちは決して根覆いをしません。このように、欠点が非常に大きいからです。

施肥する

堆肥は植物の栄養分となるだけでなく、施肥によって土も活性化させます。動物性の肥料、植物のくず、そして動物の体から出た物質（角くず、骨粉、肉粉、血粉、羽毛・羊毛・豚毛のくず）を1年かけて堆肥の山で堆肥化させると、最もよい成果が得られました。

秋に（！）この堆肥を苗床にまき、土にならします。数週間後、冬の畝を作ります。つまり秋には畑を掘り返すということです。土中の有機物が、寒い季節の間に堆肥を作り変え、翌年私たちは健康な作物を手に入れられる、というわけです。堆肥を実験・比較するたびにわかるのは、堆肥を直接植物に与えてはならない、ということです。そのようにして植物が菌類や有害な動植物に襲われることがたびたびあったのです。したがって、春に施肥するのは品質を損ねることになり、秋に施肥すると、土の構造をよくし、腐植質の部分を増やすことができるのです。

堆　肥

幸いなことに、ここ数年で堆肥作りをする方々がとても増えています。「堆肥は畑の黄金」というのはばかげた言葉ではないのです。

お勧めできる堆肥の作り方は非常に多様です。まずゴミを堆肥にするため発酵させ、次に虫を入れ、最後に堆肥作り用のしっかりした容器に入れなおします。私たちは長年シンプルで安価な方法を使っており、非常に成功しています。

まずトマト用の支柱を４本と、長さ1.25mの白木の角材を用意します(2.5mの角材を真ん中から切るとよいでしょう)。庭や畑で陰のできる場所に、一辺が1mの四角形になるよう、角にトマトの支柱を１本ずつ立てます。柵となる角材は２本ずつ平行に支柱の内側に据え、角で十字に交わるように組んでいきます。土の上にはやや古めの堆肥を敷きます。こうすると堆肥全体の発酵が早く進むのです。

毎日出る有機ゴミをこの四角形の中の堆肥の上に載せ、平らにならし、水で湿らせます。その後は必ずわらのマットや葦のマット、またはじゅうたんのようなマットで覆いをします。ときどき、両手１杯程度の角粉

私たちの畑で行っている堆肥貯蔵の様子。

私たちは数十年前からこのような堆肥作りを行っている（右図参照）。

トマト用の支柱を４本用意、四角形の角に1本ずつ立てる。角と角の間は1m。日陰になる場所を選ぶことが重要。
柵となる1.25mの角材を図のように支柱の内側に据えていく。やや時間のたった堆肥を、いちばん下にして土の上にじかに敷き、その上によく混ぜた有機ゴミを載せる。載せたらいつもすぐに覆いをかぶせる。ときどき骨粉や角粉、糞化石などを両手1杯くらい振りかける。
堆肥が増えていくにつれて、柵を高く積んでいく。月に１度、牛糞調合剤をまくと、発酵が促進される。高さが50cmくらいになったら角堆肥調合剤を加えてできあがり。

重要：堆肥の山は常に湿らせておくこと。

や骨粉、糞化石をまいてもよいでしょう。その際に重要なのは、まんべんなく湿らせることです。さらに、一月に１度、牛糞調合剤を注ぐと発酵が促進されます。バイオダイナミック農家は、この堆肥の山が50cmの高さに達したら堆肥の完成とみなします。趣味の園芸家もこのような調合剤を取り寄せ、手引書に従って使うことができます。実験から、堆肥の山をよく湿らせ、角堆肥調合剤を加え、泥炭腐植土で軽く全体を覆うと発酵も早く、成分が壊れるのも最小限にとどめることができることがわかっています。私たちはこのようにして作った堆肥を、完成から１年後に使うようにしています。

堆肥に加えるべきでないものもあります。それは加熱した料理から出た残飯、有機栽培されなかったレモンやバナナの皮などです。皮にはかびが生え、これが抗生物質となり、発酵に必要な微生物を妨害してしまうのです。皮を使うなら、まず、ふた付きの容器を水で満たし、そこにバナナの皮を入れて腐らせ、それからなら堆肥に加えてもよいでしょう。こうすれば皮も発酵を邪魔しなくなります。

走出枝（そうしゅつし）などですぐに繁殖する有害な雑草は、この堆肥が大好きです。堆肥の中でどんどん殖え続け、後に熟成したこの堆肥とともに苗床に持ち込まれてしまうおそれがあります。

上：糞から作った堆肥の表層の生物分解過程でヒトヨタケが生えている。これで堆肥が十分に湿気を含んでいることがわかる。ヒトヨタケの成長には日光が必要なため、堆肥の山の外側に生える傾向がある。

下：２番目のキノコの層の生物分解過程では、マッシュルームのような小さなキノコが堆肥の内側に生えている。

庭用の堆肥を作りはじめてからいろいろな調合剤を加えることによって、調和のとれた発酵が進んでいく。調合剤はセイヨウノコギリソウ、カミツレ、イラクサ、カシの樹皮、タンポポから作り、それを手引書に添って堆肥に小さい穴をいくつか開け、その中に入れる。カノコソウから作った調合剤は、ジョウロに入れて堆肥の山全体にまんべんなくかける。

そのため私たちは、有害な雑草を堆肥に加える前に、まず水肥化するため水につけるのです。シバムギやイワミツバがよい例です（77ページ参照）。

施肥することによって苗床に雑草が増える、という声をよく耳にします。堆肥の扱い方を誤ると、そうなることもあります。花が咲いている雑草やすでに種をつけている雑草を堆肥に入れてしまった場合は、その堆肥を苗床にまく前にその雑草たちが芽を出すおそれがあります。堆肥の湿り気をよく保っておくと、種は芽を出します。しかし生きるための必要条件が欠けているので雑草たちはまもなく枯れます。

有害な材料や有機ゴミは必ず堆肥化しなければなりません。動物の体から出た物質（豚毛、角や骨のくずなど）を堆肥化せずに土にまくと、有害な動植物や菌類の甚大な被害を受けることになります。

最後に、熟成した堆肥を（堆肥化されていない）新鮮な糞と比較した場合の優れた点を述べたいと思います。1ha(ヘクタール)につき2t(トン)の熟成した堆肥をまいたときに得た結果は、1haに8tの新鮮な糞をまいたときに得た結果と同じでした。さらにさまざまな試みから得た答えは、有機物を発酵させてから畑に使うと、土の構成をよくし、また植物の健康な成長をもたらす、ということです。

植物性の堆肥

私たちは、動物性の物質を一切使わない堆肥で実験をしてみました。すると驚くべき結果が出ました。プラスの評価ができる点は、作物が非常に健康で、全く有害な動植物の被害を受けなかったことです。しかも、別の堆肥をまいた隣の苗床にいた有害な動植物が、その苗床には侵入しなかったのです。

マイナスに評価しなければならないのは、植物性の堆肥だけを使った植物、たとえばカリフラワーやサラダ菜などが、年を追うごとに結実能力を失っていった点です。

雑草から作る堆肥

実をつける雑草が大量に出た場合は、私たちはこれで特別な堆肥を作ります。この雑草たちを堆肥の山に加えて、十分に水分を与えます。これにやや熟成した堆肥を加えるのがお勧めです。こうすると発酵が早ま

私たちの実験畑の一つ。葉の日に種まきをしたホウレンソウ(前方)が最もよく育っている。
近地点に種まきをしたホウレンソウ(中列)は小さく、虫くいが目立つ。
実の日に種まきをしたホウレンソウ(タマネギの後ろ)はすでに種をつけてしまっている。

ります。暖かくなると雑草は短期間で芽を出しますが、きちんと成長することができずにすぐに傷み、発酵して、私たちの庭の土にとって価値のある物質になります。しかしここで非常に重要なのは、約2週間後に上から10cmまでの部分をひっくり返すことです。堆肥の表面には、発芽に必要な光も酸素も十分あるからです。芽が出た後は枯葉などで覆います。絶対に気をつけなればならないのは、堆肥を常に十分湿らせておくことです。乾燥している時期は週に1度水をかけましょう。この堆肥を使ってもよいのは、完全に土のようになってからです。それは約1年後です。分析結果として、雑草から作った堆肥は窒素の含有率が高いこと、ほかの植物のくずから作った堆肥に比べて明らかにその率が高いことがわかっています。

> **アドバイス**
>
> 動物性の物質が全く含まれていない堆肥だけで何年も施肥すると、たとえばサラダ菜は結球能力がなくなります。

実験結果

カラスムギは馬糞から作った堆肥を与えるといちばんよく育ちます。ジャガイモはヒツジの糞、レタス、ホウレンソウ、サラダ菜やキャベツの仲間は牛糞、セロリ、パースニップ、根パセリはブタの糞から作った堆肥で最もよく育ちます。小麦、トマト、トウモロコシの出来がいちばんよかったのは、ニワトリとハトの糞から作った堆肥を使ったときでした。ニンジン、タマネギ、セイヨウネギ、アカカブは、植物性の物質だけから作った堆肥を与えると、最も健康でかつ収穫高も最高でした。それに有害生物も全く現れませんでした。

芝から作る堆肥

刈られた芝のくずからは、よい堆肥ができます。私たちはそのくずを少量の土、熟成した堆肥と枯葉とを混ぜ合わせ、よけいなものができないように1tあたり1kgの生石灰（水酸化カルシウム）を加えます。いちばんよいのは、上記のように混ぜる前に芝を腐らせることです。すると、後で発酵が早まり、早く堆肥ができます。$1m^2$ の芝に対して 1 kg の生石灰パウダーを振りかけるのもお勧めです。

動物性物質を早く堆肥化する

角粉、骨粉、豚毛、羊毛、羽毛、糞化石などの動物性の物質を、特定の目的のための堆肥（ほとんどは種まき用の溝や植え付けのための穴にまく堆肥）に使うときは、特別のプロセスで早く堆肥化させることができます。しかし、このプロセスは理想的ではありません。よりよいのは、堆肥の山をそっくり移し替えてしまうことです。早く発酵させるためには、熟成した植物性の堆肥を 80％に動物性の物質を 20％の割合で混ぜ合わせ、小さな山を新しく作ります。よく湿らせた後、わらで覆い、さらに全体に水をかけます。手元にわらがないときは幌や厚手の布をかけてもよいでしょう。最初の移し替えプロセスは、5～6 週間で終わります。この堆肥の山の表面に白いものがこびりついたら、完成のしるしです。堆肥を使うことができます。これを与えると、植物は菌類の攻撃を受けるのが著しく減るはずです(81ページ参照)。

動物性物質を早く堆肥化する。
熟成した植物性の堆肥を80％と動物性物質20％をよく混ぜ合わせ、小さな山状にまとめる。これに水をかけ、よく湿らせる。最後にわらをかぶせ、もう一度水をかける。
5～6 週間で山の表面に白いものがこびりつくのが確認でき（図の右下）この特別な堆肥を使うことができる。

お茶を利用する

栽培にお茶を利用した結果をみると、穀類はセイヨウノコギリソウのお茶を、実の日の朝、まだ若いうちに散布されるのを好むことがわかりました。

ニンジン、アカカブ、タマネギ、ダイコンのような根の植物は、セイヨウノコギリソウとカミツレのお茶を２度、成長期の根の日の朝に与えられるのを好みます。ジャガイモはイラクサ茶２回の後、カミツレ茶２回の順に、根の日の早朝に与えられるのを好みます。

トマトは１回ずつイラクサ茶、セイヨウノコギリソウ茶、タンポポ茶を実の日の早朝に与えられるのを好みます。無性繁殖の場合、タンポポ茶を１度だけ与えられたトマトは、翌年さらにビタミンＣと糖分の含有量が増えました。サラダ菜、ノヂシャ、カリフラワー、コールラビのような葉の植物はイラクサ茶とセイヨウノコギリソウ茶を１回ずつ、若いうちに葉の日の朝に吹きかけられるのを好みます。コールラビはさらに、葉の日の朝、タンポポ茶を与えると感謝することでしょう。

収穫前にお茶の実験をしたトマト。 1＝501（角水晶）、2＝セイヨウノコギリソウ茶、3＝カミツレ（カモミール）茶、4＝イラクサ茶、5＝カシの樹皮のお茶、6＝タンポポ茶、7＝カノコソウ茶、8＝トクサ茶、9＝500（角堆肥）＋501（角水晶）。

カミツレ

イラクサ

お茶の作り方

タンポポは４月、開花の時期に摘んで乾燥させます。花のお茶は何でも必ず沸騰させたお湯を注ぎます。花２gに対しお湯を５ℓ用意します。まず１ℓのお湯を注ぎます。３分間おいてこし、さらに４ℓ加えて薄めます。

イラクサは30cm丈のものを摘みましょう。２ℓの冷水の入った鍋にイラクサを入れ、沸騰するまで火にかけます。沸騰したらただちに火から下ろし、３分間おきます。そして、こし、水で５ℓに薄めます。

補足

私たちは、イラクサの水肥は使用しないことにしています。※
植物に及ぼす影響力は強力ですが、さまざまな野菜で貯蔵実験をしてみたところ、実はイラクサの水肥は、作物の貯蔵能力がたいへん低いことがわかりました。根菜類は数日後にすぐ傷んだのです。
このような現象は、イラクサ茶では起こりませんでした。このお茶は植物に対して決して「注がず」、霧吹きで葉に噴きつけましょう。なお、私たちが噴霧するのは計３回までです。
※ただし、有害生物対策や芝には有用です。

タンポポ

ハーブから作る水肥

イラクサからは水肥は作りません(46ページ参照)。水肥に向いている植物はほかにあります。たとえばアザミ、ノゲシ、ヒレハリソウ、ハコベなど。しかし料理に使うようなハーブもまた、水につけて水肥として使うことができます。ヨモギ、カミツレ、ラベンダー、セイヨウノコギリソウ、セイヨウヤマハッカ(レモンバーム)などです。これらを1kgにつき10ℓの水につけます。この水1ℓを40ℓにまで薄め、水肥として畑にまくことができます。これ以上濃くはしないほうがよいでしょう。水につけた後の植物は堆肥の山へ。

ヒレハリソウ(*Symphytum officinale*、左)とカミツレ(ジャーマン種、右)は水肥に使える。

角堆肥調合剤と角水晶調合剤

角（つの）堆肥調合剤（調合剤500）と角水晶調合剤（調合剤501）はバイオダイナミック的栽培法には欠かせないものです。

角堆肥調合剤は牛糞の堆肥から作られ、土の力と植物との間によい関係を築かせます。これを種まきのときに散布すると植物の根がしっかりと張り、地上に出ている部分をよりよく成長させることができます。これは植物に適した日に作業できないとき、特に重要な役割を果たします。角堆肥調合剤は植物に不適切な日のネガティブな影響力を弱めることができるのです。

角堆肥調合剤を作るにはまず10月に、乳牛の角の中に牛糞を詰めます。この角を土の中に埋め、一冬を越させます。角は冬の大地の力を吸い込み、牛糞と結合させます。春、この角を掘り出し、中に詰めた内容物をガラス容器に入れます。そしてガラスのふたかコルク栓で閉め、泥炭腐植土に使うときのために保存しておきます。角堆肥調合剤の使用期限は２年です。

農業用の広い畑に使うなら、30gの角堆肥調合剤を10ℓの水に入れます。そのとき気をつけなければならないのは、外から内に向かう漏斗（じょうご）

ハツカダイコンで自然のリズムと調合剤の実験。
収穫高に最大約40%の差が出た。

状の動きです。必ず1人で混ぜます(詳細は51ページを参照)。これで2,500m^{2}の畑にまくのに十分です。園芸用なら、庭の広さに合わせて量を調節しましょう。角堆肥調合剤は種まきの前に、約10分間隔で3度散布します。

角水晶調合剤は宇宙の力と一緒に働くため、種まきに適切な日に散布するべきです。つまり、サラダ菜のような葉の植物のためなら葉の日に散布するのです。

私たちの実験ではまた、個々に特筆すべき結果が出ました。保存用のキャベツに使うなら、収穫前の花の日に最後の角水晶調合剤を与えると、保存に適した品質に仕上がります。より品質のよいニンジンを収穫するには、収穫する少し前、月が牡羊座か天秤座の前にいるときの午後に、最後の角水晶調合剤を与えます。下記の表で使用法をもう一度ご覧ください。

角水晶調合剤を作るには、透明で、なるべくほかの物質が混ざっていない水晶が必要です。ルーペ(虫眼鏡)が作れるくらいの水晶のことです。ルーペを観察してみましょう。太陽の光が通ると、その下に置いた紙に火がつき、燃えます。光と熱の作用が強められるのです。この特性を、私たちは植物の栽培に活用しています。

角水晶調合剤の使い方

植　物	散布する時期
根の植物	根の日。 一月のうちに3度 (約9日おきの根の日に) 朝、日の出の後。
葉の植物	葉の日。 一月のうちに３度、 朝、日の出の後。
花の植物	花の日。 一月のうちに３度、 日の出の後。
実／種の植物	実／種の日。 一月のうちに３度、 日の出の後。

まず、細かくすりつぶした水晶を乳牛の角に詰めます。ルドルフ・シュタイナーの研究結果によると、角のらせん状の形は、生物界の現象に対し強力に集中した影響力を持っているとあります。乳牛の角を夏の間、土中に埋めると、その角が夏の太陽の力を角水晶調合剤の中に凝集させるのです。

角水晶調合剤を0.5g、4～5ℓの水に入れ、1時間かき混ぜます。

これで1,000 m^2 の畑に十分です。100 m^2 につき約0.5ℓが必要です。きれいな漏斗の形にかき混ぜるのが非常に重要です。土器または木製の容器のふちから内側に向かってかき混ぜる(左下の図を参照)。決して内側から外側にはかき混ぜないこと！　内側に混ぜると、渦を描く動きの力が吸引力によって内側へと引き込まれ、強められます。もし内側から外側にかき混ぜると、力を外側へ「まき散らす」ことになってしまいます。かき混ぜ終わったら3～4時間以内に使い切りましょう。その後はまもなく作用する力がなくなるからです。また非常に重要なのは、初めから終わりまで同じ人が1人でかき混ぜることです。

以上2つの調合剤は、私たちの研究所でも製造しています。趣味で園芸をする方にとって調合剤を作るのは手間がかかるので、目的に合わせて販売メーカーから取り寄せることをお勧めします。溶液の作り方は製品に添付されている説明書をお読みください(54ページも参照のこと)。

調合剤をかき混ぜるときは、木製か竹製の棒で、きれいな漏斗の形になるように混ぜることが非常に大事である。そうすると周囲の力を内側に取り込むことができる。
最初から最後まで同じ人が1人だけでかき混ぜること。
きれいな漏斗状にかき混ぜたら棒を抜き、しばらく自然に渦巻くままにさせておく。渦巻きが収まってきたら、今度は逆回りにかき混ぜる。これを繰り返す。

ヒント
角堆肥は種まきのときに散布し、角水晶は植物の成長期、それも若いうちにまきます。これが収穫高の増加と高品質化につながります。植物は感受性が強くなり、太陽、月、惑星や恒星から、成長に必要な波動をよりよく受け取ることができ、「自らの肉体となす」ことができます。

牛糞調合剤

自分では作りたくない、作れない場合、残念ながら牛糞調合剤を手に入れるのは簡単ではありません。しかし、地域の団体が力になってくれるかもしれませんし、調合剤を販売しているメーカーから取り寄せることもできます。

牛糞は鶏卵の殻、玄武岩、カノコソウ調合剤という牛糞調合剤を構成する３つの材料の媒体であり、「つなぎ」の役目を果たします。牛糞は、できればバイオダイナミック農法を実践している農場の乳牛の糞がよいでしょう。よい牛糞が形成されるよう、数日間は餌を干し草だけに切り替えることをお勧めします。また、殻を使う鶏卵も、バイオダイナミック農法の農家で生まれたものにしましょう。

10ℓのバケツ５杯分の純粋な牛糞と、乾燥させ細かくすりつぶした鶏卵の殻100g、それに500gの玄武岩砂（直径0.2～0.5mm）を木製の桶に入れます。これを１時間かけてシャベルでかき混ぜて動かします。これがダイナミズム化（エネルギー化）です。

上記のようなプロセスで作られ、完成した牛糞調合剤。

底の抜けた古い木製の樽を40～50cmの深さまで屋外の地中に埋め、上記の調合剤の半分をこの中に入れます。樽を埋める穴から掘り出した土は、樽を埋めた後、樽の周りを固めるように積みます。この調合剤の上に堆肥の一山の半分を（38～44ページ「堆肥」参照）を、層を崩さずに載せます。牛糞調合剤の残りの半分を加えて新たな層を作り、その上に堆肥の一山の残りの半分を、やはり層に分かれたまま載せます。

牛糞調合剤の作り方

10ℓのバケツ５つ分の牛糞、乾燥させ細かくすりつぶした鶏卵の殻 100g、玄武岩砂（粒の大きさ直径 0.2 ～ 0.5mm）500gを１時間かけて木製のシャベルでかき混ぜる。これと堆肥の山を、本文にあるように、底のない樽の中に入れ、４週間おいておく。その後１度シャベルで掘り返し、さらに４週間後、牛糞調合剤は触れてもよい状態になる。

アドバイス

牛糞調合剤、角堆肥調合剤、角水晶調合剤は、散布する前にろ過しなければなりません。非常に目の細かいろ過器（フィルター、ふるい）を使うこと。いちばん適しているのは、ナイロンのストッキングを二重にしたものです。これで、じょうろの目も詰まらなくなります。

果樹栽培へのアドバイス

牛糞調合剤が最もよく効果を発揮するのは、霜のない冬の日に木の下や幹に噴きつけたり、幹に塗布する薬剤などに混ぜて使ったときです。
角堆肥は春に１度、角水晶は開花後、７月初旬、つまり木が翌年のため芽を準備する時期に１度、そして収穫の後に１度、葉に噴きつけます。これは作物の翌年の健康に備えるためです。

カノコソウ調合剤を５滴、1ℓの水に入れ、10分間かき混ぜて作ったカノコソウ水を樽に注ぎ、木のふた、または板でふたをします。この樽を４週間そのままにしておき、その後シャベルで軽く掘り返します。さらに４週間待つと、この牛糞調合剤は使えるようになります。

農業用実験結果から、私たちは、牛糞調合剤60gを10ℓの水に入れ、20分間かき混ぜることにしています（1人で、きれいな漏斗の形になるよう、外側から内側へ。51ページ参照）。この量で2,500m^{2}の畑に散布することができます。園芸家の方は、庭の面積にもよりますが、水も調合剤ももっと少なくてすみます。

最もよい結果は、３日連続で牛糞調合剤をまいた場合に得られました（種まきの3〜5日前）。この牛糞調合剤はかき混ぜてから2、3日は使うことができます。まくのは夕方から夜にかけて。牛糞調合剤は土中の変化を促進し、土中の有機物に刺激を与え、土の構造を改善したり、有機物と無機物の分解を早めたりします。緑肥や糞、堆肥をまいたときにもこの調合剤を散布することをお勧めします（1度ずつ）。私たちはまた、冬の畝にもまくことにしています（1度だけ）。

牛糞調合剤は、バイオダイナミック農法・園芸法が行われているすべての国で使用されています。私たちはヒツジ、ヤギ、ウマ、ニワトリ、ウサギ、ブタ、ガチョウ、ツバメの糞で実験を行ってきましたが、ブタとガチョウとツバメの糞を例外として、よい結果が出ています。

岩石の粉末

岩石の粉末は植物に施肥するときに使われます。この場合も原則として、堆肥を使うことが必要です。岩石の粉末をごく少量だけ堆肥に加え、堆肥の質を高め、土の粘土質の形成を促進します。

玄武岩の粉末

ここでは特に、玄武岩の粉末を取り上げます。玄武岩は比較的若い岩石で、熱プロセスを経てはいますが、焼け焦げてはいない岩石です。玄武岩の粉末は私たちにとって治療薬であり、したがって堆肥に混ぜて土に与えるのは、微量でなければなりません。治療薬というものは、食物のような量で使用すると作用しないからです。

ベリー類の収穫。

緑肥

緑肥とは、特定の植物で畑を緑化することです。その植物を緑肥植物と呼びます。これらの植物を短期間（数週間）から長期間（冬の間中）、苗床に生やしておき、その後、緑の部分を刈り取り、土の中に混ぜるのが基本です。また、これらの植物を部分的に家禽の飼料としても使用しています。緑肥の長所はたくさんあります。土を守り、輪作できるようにしてくれます。ある緑肥植物 ―マメ科― は空気中の窒素を自らと結合させ、土にもたらすことができます。これらの植物を刈り取って土に混ぜることで、土に有機物を与え、土の生命を刺激することになるのです。緑肥の種まきの時期は、この緑肥の使い道によって決まります。家禽の飼料としてたくさん葉をつけさせるなら、葉の日に種をまきます。窒素を多く取り入れるためにマメ科の根瘤（ねこぶ）をより多く確保したいなら、根の日に種まきをします。

緑肥植物を刈り取って土に混ぜるのが主な目的なら、植え付けの時期として月の下降期を選ぶこと。その時期、力は下方に集中し、土の変化を促すからです。さらに牛糞調合剤を散布することをお勧めします。これで土の変化がさらに早まります。

ルピナスを緑肥として植える。土中の窒素とカルシウムを豊富にするためである。

緑肥植物とその効果

カタバミ、ルピナス、エンドウ、レンズマメ：
土中の窒素とカルシウムを豊富にする。

ファセリア、ヤグルマギク、ムギナデシコ、亜麻：リンを活性化する。

ルリチシャ、ソバ：カリウムを豊富にする。

セイヨウアブラナ、カラシナ、ダイコン類：
翌年の種子の収穫量をさらに増やすため、硫黄化合物を排除する。

ルリチシャは土中のカリウムを豊富にする。

緑肥植物であるヤグルマギクはリンを活性化する。

輪　作

輪作とは、異なる種類の植物を、時を前後して同じ苗床で栽培することです。大事なのは、一度栽培した作物と同種の作物は、その後数年間は栽培しないことです。土からの偏った栄養吸収、有害な副産物、同種の輪作による病気の伝染を防ぐためです。たとえば、キャベツはカリフラワーの直後には栽培しません。

同種や近い種の植物を同じ苗床に、短期間だけ空白期間をあけて植えたり、または立て続けに植えたりという偏った要求を土に突きつけると、土はまず物質欠乏症状を見せるようになるのです。続いて病気や有害な動植物に侵されるのです。

輪作をするときは緑肥もその順番でよいのか考慮すること。たとえば、アブラナ科の仲間・カラシナと、アブラナ科のキャベツなど。

右ページ：
植物は５つの区分を生きている。

根／葉／花／種子／実。植物たちはまた、どれも1年のうちに形成したいのである。農業の実践の場で私たちは根／葉／花／実・種の４つに区分している。

アブラナ科の例で説明したい。
カブは力を根に集中させる（左上）。

キャベツの仲間――ここではアカキャベツ――は茎の力を葉にとどめておく（左下）。

カリフラワーは比類なき美味をつぼみに託し、私たちに授けてくれる（右上）。

種子を収穫するためにアブラナ科を植えることはないので、ペンペングサのような雑草がすき間にはびこってしまう。農業用に、たとえば食用油を取るためのセイヨウアブラナ（右下）も一例である。

左ページ：
私たちの畑で成功している輪作の例。

初年にカリフラワー（左上）
翌年はアカカブ（左下）
3年目にインゲン（右上）
4年目はジャガイモ（右下）

右の写真：
5年目はイチゴ

確かに植物保護薬剤（農薬）で作物を守ることはできますが、収穫物の品質が影響を受け、損なわれます。これを埋め合わせることはできません。正しい方法で輪作を行えば、このようなことは起こりません。趣味の園芸家にとって輪作は問題となることも多々あります。苗床に使える面積が小さいため、同じ野菜がずっとその場を占領しているからです。そのため、その年の初めに輪作計画をよく立て、植え付けの時期をメモしておかなければなりません。そうしないと、前述のような見通しの立ちにくい輪作になってしまいます。

よく本や雑誌に、「多くの栄養を必要とする植物、あまり栄養がなくてもよく育つ植物、マメ科の順番に植えることを守るべきである」と書いてありますが、私たちは、この方法だとやがて植物保護薬剤が必要になるということを確認しています。植物は病気になり、薬剤を投与せざるをえなくなり、品質を代償にしなければならなくなるのです。

実り多い輪作のためには植物の種類に注意しなければなりません。キャベツの根瘤病を例に説明してみます。キャベツの根瘤病とは、地中に生息する菌類によってキャベツ類（とアブラナ科）の根に生じる増殖物です。シロキャベツとコールラビだけでなく、ルリチシャやカラシナ、カブなど、同じ種に属する植物全体が感染します。緑肥についても、たとえばカラシナなどを輪作する際には注意しなければなりません。この場合は別の緑肥植物、たとえばファセリアなどにしたほうがよいでしょう。私たちは、５年間は同じ種の植物を同じ苗床で栽培しないよう、アドバイスしています。

また、植物の「器官形成」についても考えなければなりません。植物の器官は５つに分類され、植物たちは１年のうちに、この、根－葉－花－種－実という結実プロセスをたどることを望んでいます。ここでもまた、この「５つの器官」を顧慮した、私たちが言うところの宇宙の波動との関連性がみられます(13ページ参照)。これらは輪作計画を立てるうえで考慮に入れるべきものです。

アブラナ科の仲間を例にとって説明しましょう。たとえばキャベツはアブラナ科の仲間です。ダイコンやカブは力を根に集中させ、根を太らせ、私たちに収穫物をもたらしてくれます。キャベツの仲間は茎の力を葉の領域にとどめ、葉を力で満たします。収穫に十分なほど成長するまで、このプロセスを続けます。コールラビは茎の部分を太らせ、自分の実として発展させます。カリフラワーなどは改心したかのごとく、比類のないほど美味な花芽を私たちに提供してくれるのです。

種を収穫するために庭にアブラナ科を植えることはないでしょうが、農業の場ではセイヨウアブラナを栽培します。庭なら、ペンペングサ（ナズナ）のような雑草ですき間を埋めてもよいでしょう。これで土をすっかり入れ替えることができるのです。

また、翌年に植えるのは、別の種類の植物であるだけでなく、別の器官を収穫物とする植物にするべきです。私たちは４つに分類した、根、葉、花、実／種という器官別で考慮しています。お勧めしたいのは、初年に葉の植物を植え、翌年、根を太らせる植物をその苗床に植えること。３年目は、土が下に蓄えてある力を植物の地上の部分（種や果肉）にもたらすことのできるような植物を選ぶのがよいでしょう。私たち人間は繰り返し適切に息を吐き出さなければなりませんが、土も同じです。そしてそれを行うのが３年目なのです。４年目には花の植物を植えます。種の力が過剰にその植物に入り込むことはありません。なぜなら土は前年すでにその力を解放しているからです。こうして、花の植物に招かれざる種子が形成されることはないというわけです。

輪作をする際は、植物の種類を替えると同時に、前述のように、４つまたは５つに区分される収穫対象となる植物の器官も替えることにより、土のためにも、植物の成長のためにも最高の結果が得られるのです。続いて輪作の例として、老朽化したイチゴの苗床からスタートしてみましょう。つまり別の場所でイチゴを栽培しなくてはならないような、枯れた苗床です。最後にイチゴを収穫してから、残りの部分はすべて刈り取られ、緑色の部分は堆肥の山に加えられます。その後その苗床を掘り返し、ライ麦とルピナスの種をまきます。土はときどきは草に覆われたほうがよいので、この２種を植えると、とてもよい成果が得られました。さらにライ麦はとても深く根を張るので、下の地層まで耕すことができます。マメ科植物であるルピナスは窒素を集め、栄養状態を改善します。春、すっかり成長したルピナスは刈り取られて緑肥となり、土に混ぜられます。これでアブラナ科の植物、たとえばキャベツの仲間を栽培するよい下地ができるわけです。

輪作の例をいくつか表にまとめてみました。これをもとに、ご自分の土地の状況に合った輪作システムを発展させていただきたいと思います。私たちは以下の輪作の順番で、とてもよい経験をしました。植物は終始健康に育ち、収穫物も非常によかったのです。イチゴは５〜８年間、同じ苗床にいつづけます。その後また一連の栽培を最初から新たに始めるのです。

最後にいくつかアドバイスを：

— ジャガイモの代わりに切花用の植物を植えてもよいです。

— ジャガイモを栽培するなら、ルピナスの種を一緒にまくとよいでしょ下地の状況：イチゴの株を刈り取った後、ライ麦を植えた。
緑肥としてルピナスを植えている。

1年目	2年目	3年目	4年目	5年目
シロキャベツ	ニンジン	エンドウ	ジャガイモ	イチゴ
アカキャベツ	パースニップ	ソラマメ	ジャガイモ	イチゴ
チリメンキャベツ	セイヨウゴボウ	シュガーピース	ジャガイモ	イチゴ
カリフラワー	アカカブ	インゲン	ジャガイモ	イチゴ
チリメンキャベツ	タマネギ	スイートコーン	ジャガイモ	イチゴ
メキャベツ	セロリ	インゲン	キクイモ	イチゴ
コールラビ	ネギ	パプリカ	キクイモ	イチゴ
スウェーデンカブ	フダンソウ	キュウリ	キクイモ	イチゴ
ハツカダイコン	パセリ	トマト	キクイモ	イチゴ
ダイコン	ハーブ	キュウリ	花	イチゴ

う。土をほぐす作業のときには、さほどルピナスに気をつかわなくてもよいです。ルピナスのつぼみが出てきたら、それを切り取ります。これでその力が葉の成長へと向き、望まれる強い葉ができます。また、これによってジャガイモがより多く形成され、またルピナスが根に集める窒素の量も多くなります。

— 秋にトマトとキュウリを収穫したら、ソラマメを植えるとよいでしょう。

なぜ上記のような輪作システムを提案するのか、いくつか例をあげて説明します。チリメンキャベツは柔らかい葉と茎の形成のための力を必要としています。次の年にくるタマネギは茎を形成する必要もなく、収穫物となる部分を成長させることができます。コールラビは茎のふくらみの部分に力を集中させます。これが次にくるネギにとっては下準備として理想的なのです。土からくる茎の力があまりに強いと、鱗(りん)茎の形成が阻害されるからです。下準備があると、鱗茎がどんどん成長し、密に重なっていき、すばらしいネギの茎ができるのです。

このような観察はもっと幅を広げていくことができます。また、読者の皆さんが独自にこのような事柄について考え、自分なりの観察をして

輪作をする際、コールラビ(上)はネギ(下)にとって理想的な前作である。
コールラビは力を茎に集中させ、太らせる。これがコールラビの「実」である。そうするとネギは強すぎる茎の力に邪魔されることなく、鱗茎を密に重ね、すばらしいネギの茎を成長させることができるのである。

みるきっかけとなればと思います。

さて、64ページの表には記載できなかった植物について述べていきます。収穫物を形成するまでに植物的一生涯を全うする必要のない植物たちです。ここでは人気の野菜、ホウレンソウ、レタス、ノヂシャ、エンダイブ、サラダ菜を取り上げます。これらの植物を、私たちは次のように栽培しています。

— レタスはニンジンとニンジンの間の目印若芽として植えます（目印若芽：ニンジンは発芽するまでに長時間を要するので、土をほぐす際の植え付けの並びが、早いうちにはっきりとわかるようにするため、発芽が早いレタスを植えるのです)。若いレタスはその後、若いニンジンの競争相手になるころ、キャベツ類の苗床に移されます。キャベツが十分大きくなるころには、レタスはとうの昔に収穫されている、というわけです。こうして両方ともよく育つことができるのです。

— ホウレンソウとノヂシャはキュウリの苗床のふちに種をまきます。これらは土を守り、覆い、キュウリがこの苗床を必要とするころには、すでに収穫されています。

— レタスとホウレンソウは春に間作（かんさく）用作物としてまず苗床に植えられ、その後（5月以降）その苗床には主要作物が植えられます。

— レタス、ホウレンソウ、エンダイブは、新キャベツ、インゲン、新ジャガイモが収穫された後のつなぎの作物として、同じ苗床で育つことができます。

これまでに、このような間作やつなぎの作物を植えることによって、輪作障害が生じた例は一度も確認されていません。

ただ、アブラナ科の植物に関して1つだけ要注意事項があります。短命のカブ、ダイコン、ガーデンクレスなどを植えてもよいのは、キャベツ類の苗床だけです。たとえば、畑のふちなどには植えてもよいですが、ほかの種類であるキャベツが植わっている苗床の中にこれらを植えてはいけません。植えてしまうと、輪作において望ましい5年の間隔を乱すことになるのです(61ページ参照)。

水やり

不思議に思われるかもしれませんが、私たちが植物に水をやるのは、植え替えの直後に１度だけ、そして芝の種まきの直後 ──芝は土の表面に乗っかっているだけですから── ほかにはもちろん温室の植物にも水をやりますが、それだけです。乾燥していた年でも、これでよい収穫が得られました。自然の基本的法則を守ったからです。

午前中、土は息を吐き出しています。力は朝のうちは上へ（植物の上の部分へ）と向かいます。午後から夜、力は植物の下の部分に集中し、土の中へ力を伸ばしていきます。この事実を利用するのです。水分を土に含ませたいときは、夜、土を耕します。そうすると土は周囲の水分を吸い込みます。土の水分が多すぎるときは、朝、土を耕します。これで土は水分を外部に吐き出します。深さ３cm だけ掘り返します。そうすると、耕された層ができ、この部分が湿度調整器として働きます。

植物を水やりに慣れさせると、根が地中深くに根付かないのです。そうすると、植物たちは乾燥期には「人工的」な水やりに頼りきりになります。私たちは、吸水根が1.2m も伸びたニンジンやパースニップを収穫したことがあります。タマネギの吸水根は 80cm でした。それに、

私たちは植物に水をやらない。例外は植え替えの後と、芝の種まきのとき。温室も例外。温室では適宜水やりをする。夏など1日に２回水やりをしなければならないこともある。

土は、午前中に息を吐き出し（左）、午後は吸い込んでいる（右）

繰り返し水やりをすると、土の構造を破壊することになります。土が硬くなり、渇くとひび割れるようになるのです。

乾燥する時期には土に覆いをしてもよいでしょう。もっとも、また雨が十分に降ったら、その覆いはただちに取り払うべきです。そうしないとナメクジにとって、卵を産み孵化させるのに理想的な場所になってしまいます。

乾燥している時期には、私たちは葉の日や根の日の夕方、土を耕します。そうしないと、夕方、あぜ道や芝の表面に角堆肥調合剤（49ページ参照）や牛糞調合剤（52ページ参照）を散布した後、夜の湿気が増して夜露がたまりやすくなってしまうからです。

水の質

もちろん、水やりにはどんな水を使っても同じ、というわけではありません。私たちが水やりをするのは植え替えのあと1度だけ、そして温室の植物だけです。水の研究家であり、長年ヘリヒリート（Herrichried：ドイツ南部の町）の流水学研究所所長を務めたテオドア・シュヴェンク

(Theodor Schwenk)の研究から、小川や河川が自然な流れのままに流れることができれば、それだけで水質はよくなる、ということがわかっています。英国の彫刻家ジョン・ウィルクス(John Wilkes)は、この研究結果からインスピレーションを得て、水盤を創作しました。その水盤の中では、水が自然な動きに従って流れられるようになっています。

これを用いて私たちは、次のような実験をしました。

私たちの敷地には2つの池があり、一方がもう一方より高い位置にあります。この2つの池の間に、私たちは36個の水盤をつなげて据え、1週間、これを通じて温室に植えた種に水をやりました。芽が出た後は、温室以外の植物と同様、水やりはやめました。温室の植物たちは明らかに、よりよい成長を見せてくれました。もっとも、この水は調合剤を混ぜる水としては不向きです。

水の質に関しては、まだまだ解決されていない問題がたくさんあります。将来、多くの実験が行われなければならないでしょう。それは動物が飲む水、あるいは私たちの飲用水としての質、という観点からもです。さまざまな民間の研究所や国立の研究所が、このテーマで研究を続けていますが、決定的な意見や推奨される方法などは、まだ発表されていません。

渦巻き器：水がこの容器の中を流れると、成長を促すような力を持つようになる。写真の容器は排水を浄化するために開発されたもの。

温室にて

よい輪作には特別に重きを置かなければなりません(58ページ参照)。ガラス張りの温室やビニールハウスでの栽培では、作物の種類をあまり頻繁に替えません。そのため、同じような根腐れが繰り返し起こり、懸念される植物の病気が現れます。害をなすような雑草は慎重に抜き取りましょう。ヤグルマギク、ムギセンノウ、ファセリア、ルリチシャ、ソバ、キンセンカは、私たちの作物にとって治療薬となる物質を放出します。私たちはさまざまな雑草を水肥化して作物と作物の間に散布します。また、上記の「助っ人植物」が間作用作物として生えるのは大目に見てもよいでしょう。

ルドルフ・シュタイナーは、植物の5つの器官を人間の5種の器官系と関連づけています：根—脳、葉—肺、花—腎臓、実—血液、種—心臓。ニンジンやセロリが脳神経系、レタスやホウレンソウ、キャベツの仲間が肺呼吸器系、トマトやキュウリが血液系に相当します。花のためには花のお茶を植物に散布します。土を無機化するには穀物を利用します。それに最も適しているのは、種子が成熟するまで育てたライ麦です。ライ麦が若いうちにセイヨウノコギリソウの花のお茶を3回散布します。すると、ライ麦は温室内の「偉大な治療家」となるでしょう。

遅霜の危険

私たちの植え付けが、5月に再び霜の脅威にさらされることも少なくありません。遅霜は破壊的な影響を及ぼすことがあるのです。敏感な植物なら保護が必要となるでしょう。たとえばビニールハウスや移動用ビニール張りのケースなどです。しかし霜が害を及ぼした場合は、朝カノコソウ水を散布します。1ℓの水にカノコソウの花の汁を1滴たらし、15分間かき混ぜつづけます。そして被害を受けた植物にその水を与え、

1時間後、普通の散水用の水でよく土を湿らせます。

聖金曜日、聖土曜日

訳注：復活祭直前の金曜日と土曜日。3月下旬～4月下旬。年によって異なる。

過去25～30年、私たちが行ってきた実験的な栽培から、繰り返し確信してきたのは、聖金曜日と聖土曜日は種まきや植え替えには適さない、ということです。種はあまり発芽せず、植え替えた植物は成長が悪く、枯れてしまうこともありました。植物にとってネガティブな影響が始まるのは聖金曜日の早朝で、終わるのは2日後の復活祭の日曜日の日の出前です。

なぜそうなのでしょう？

約2000年前にゴルゴダの丘で起こった出来事が、地球にその爪跡を残しています。植物たちはその感受性で、感じ取っているのです。

葉の植物・コールラビ

葉の植物・アカフダンソウ

雑　草

雑草は、特に農業を営むうえで大問題になりえます。しかし、根本法則があり、これに従うとずいぶん仕事が楽になります。

雑草の成長に関するある実験で、驚くべき結果が出ました。私たちは畑をいくつもの区画に分割しました。そして最初の区画で作業をした２日後に新しい区画で作業をし、これを４週間かけて行いました。その前に土を分析した結果、全区画の土には質の違いがないことがわかっていました。そのため、どんな雑草が生えるのかは、苗床で作業した時期に左右されるのだということがわかりました。最初に作業した区画では、１種類の雑草が優勢で、ほかにも生えてはきたものの種類は多くありませんでした。２日後に整えた２番目の苗床では、全く違う種類の雑草が優勢でした。

こうして私たちは、雑草が生えるのは土のせいでも作物のせいでもなく、作業をする時期、そしてその時期の宇宙の波動なのだという結論に達したのです。私たちはその後も観察を続け、最善の雑草対策を立てる道が見えました。

月が獅子座の前に移動すると、あらゆる種類の雑草がとても元気に芽を出します。そこでお勧めしたいのは、春、その時期に、苗床を整える前に土を軟らかく耕すことです。そうすれば、雑草が芽を出し、10～14日後には草取りすることができ、その後、種まきをすればよいのです。これはまた、土の質を高めることにもなります(35～36ページ参照)。

月が山羊座の前にいるときに土を耕すと、芽を出す雑草はとても少なかったことから、ジャガイモや根を収穫する植物のために最後に土を耕すべき時期は、この時期なのです。

雑草を使った実験で、種子の灰から作られたD8濃縮液を散布したり、雑草の種の灰をまいたりすることで、よい結果が得られています。こうすると明らかに、農地に生える雑草が少なくなることがわかったのです。

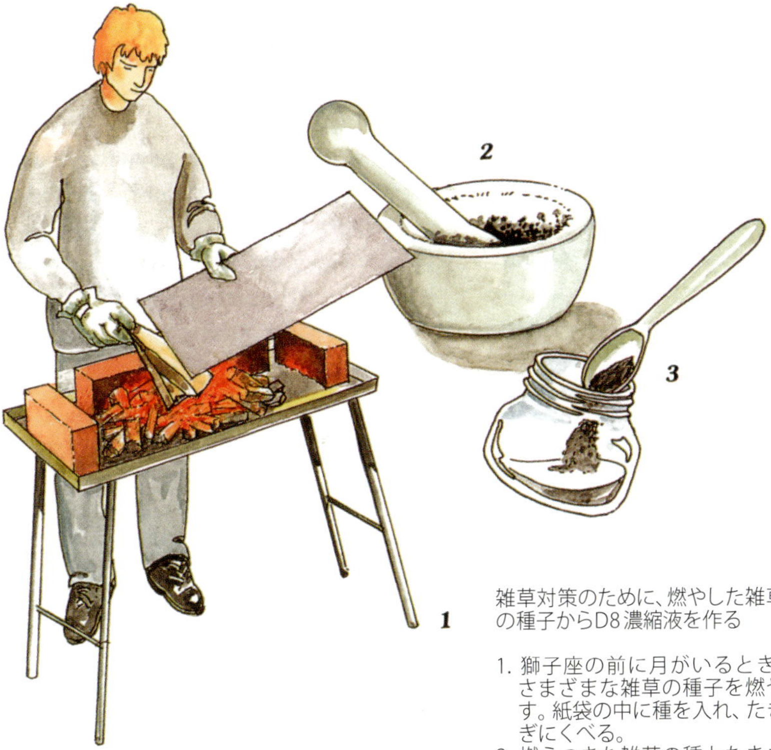

雑草対策のために、燃やした雑草の種子からD8濃縮液を作る

1. 獅子座の前に月がいるとき、さまざまな雑草の種子を燃やす。紙袋の中に種を入れ、たきぎにくべる。
2. 燃えつきた雑草の種とたきぎの灰をすり鉢に入れ、1時間かけてすりつぶす（終始1人で）。
3. このエネルギー化された灰を薄めるとD8濃縮液ができあがる。

雑草対策にD8濃縮液

D8濃縮液を作るには、まず獅子座の前に月がいる時期に、いろいろな雑草の種を薪の火で燃やします。いちばんよいのは、かまどで燃やすことです。図のように炭火焼にしてもよいでしょう。レンガで囲いをして小さなかまどのようなものを作ります。金属板があれば、それをふたとして使えます。

種を紙袋に入れ、よく燃えている炭火にくべるのがいちばんよいです。赤々と燃えている灼熱の火でないと種はよく燃えません。そして金属板

希釈・振盪の作業をせずに除草したい場合に使える
特定の雑草の種を焼く時期とその灰をまく時期

月の場所 （各星座の前）	燃やす植物
魚　座	クサフジ［*Vicia cracca*］
牡羊座	ノハラガラシ［*Sinapis arvensis*］ セイヨウノダイコン［*Raphanus raphanistrum*］ ヒメオドリコソウ［*Lamium purpureum*］
牡牛座	イワミツバ［*Aegopodium podagraria*］ ヘアリーチャービル［*Chaerophyllum hirsutum*］セリ科 シラホシムグラ［*Galium aparine*］
双子座	カラスムギ［*Avena fatua*］イネ科 ハコベ（コハコベ）［*Stellaria media*］ セイヨウヌカボ［*Apera spica-venti*］
蟹　座	キンポウゲ属［*Ranunculus*］つる性植物
獅子座	スイバ属［*Rumex*］
乙女座	セイヨウトゲアザミ［*Cirsium arvense*］ フキタンポポ［*Tussilago farfara*］ スギナ［*Equisetum arvense*］ セイヨウヒルガオ［*Convolvulus arvensis*］
天秤座	コゴメギク［*Galinsoga parviflora*］
蠍　座	イヌホオズキ［*Solanum nigrum*］
射手座	ハマアカザ属［*Atriplex*］ シバムギ［*Elymus repens*］
山羊座	この時期、雑草はほとんど生えない
水瓶座	グンバイナズナ［*Thlaspi arvense*］ ナズナ［*Capsella bursa-pastoris*］ タデ属［*Polygonum*］

をすぐにレンガの囲いの上にかぶせます。種が焼けるとポップコーンのようにはじけ、あたりに飛び散るからです。種が完全に焼けて灰の熱がとれたら、これをすり鉢に入れ、1人で1時間かけてすりつぶします。つまりエネルギー化するのです。

根の雑草なら、必ず多少の根も一緒に燃やすこと。

重要：灰は青白い色でなければなりません。種が黒いのは、まだ完全に燃えつきていないからです。そのような、燃えつきていない種では効果がみられません。

さて、ここからD8濃縮液を作ります。小さいビンに、エネルギー化された灰1gと9mℓの水を入れます。これを3分間振り続けます。これでD1(1X)濃縮液ができます。これに90mℓの水を加え、また3分間振ります。これがD2凝縮液となります。D3濃縮液を作るには、900mℓの水を加えます。そしてD4濃縮液にするには9ℓの水を加えます。

水を加えるたびに3分間振盪します。D3からD4を作るときには、3分間かき混ぜてもよいです。

このような方法でD8濃縮液までたどりつくには、10万ℓの水が必要になるので、D4から先はまた少量から始めるのがよいでしょう。さて、1mℓのD4に9mℓの水を混ぜます。3分間振盪すればD5濃縮液ができます。そしてこれに90mℓの水を加えて3分間振ります。こうしてできたD6に900mℓの水を注ぎ込み、また3分間振り、D7を作ります。最後に、これに9ℓ

ハコベ(コハコベ *Stellaria media*)

の水を加え、3分間振るか、かき混ぜます。これでD8濃縮液のできあがりです。

D8濃縮液は0.5ℓで100m^{2}に散布するのに十分です。数時間おきに3回散布します。

農家や園芸家のなかには、エネルギー化も希釈・振盪もされていない種の灰を使って、雑草対策に成果を上げている人々もいます。この方法で重要なのは、特定の種類の雑草のみを除草したい場合、個々の植物に及ぼす月のリズムを考慮することです(74ページ表参照)。そのような場合は、表にあげた雑草の種だけを燃やすこと。それ以外の場合は、さまざまな雑草の種を混合したものを、月が獅子座の前にいる時期に燃やし、雑草の繁殖を食い止めたい畑にその灰をまきます。

ルドルフ・シュタイナーによると、まき方としては料理にコショウを加えるときのようなまき方がお勧めだそうです。種まきのために土を耕すのであれば、まくのは1度だけだそうです。

予防策

私たちがこれまで繰り返し観察してきたところ、堆肥化されていない動物性の物質、たとえば角、骨、豚毛、羽毛、羊毛、血粉、肉粉などは、雑草の成長を助長することがわかっています。したがって、これらの材料を肥料や土地改良に使う際には、堆肥化させることが重要です。

雑草から作る水肥

雑草から水肥を作ると、その水肥はその材料となった当の雑草を除草するのに役立ちます。はう植物やつる性植物から作った水肥を使って、私たちはよい成果を得ています。これらの植物は、いずれにせよ堆肥の山(40ページ参照)には加えるべきではないものです。

レシピ

アザミやイワミツバ、キンポウゲ、フキタンポポ、ハッカ属やシバムギなどのつるや根、また、ハコベは全体が使えますが、これらを、水の入った樽に入れます。葉の日に、この樽を少しだけかき混ぜます。

水につかった雑草が完全に腐ったら、蟹座の前に月がいる時期にこれをこしてから、まきます。雑草が生えている場所に、3日連続で夕方まきます。これで、その部分からは雑草がすっかり消えるでしょう。

このような水肥はキャベツの仲間、キュウリ、トマトなどへの肥料としても使えます。もっとも、まく前にかなり薄める必要があります（水肥1ℓにつき10ℓの水で薄める）。

自分で雑草から水肥を作る

1. 雑草のつるや根の部分を水の入った樽に入れる。これを葉の日に少しだけかき混ぜる。
2. これらの植物が完全に腐ったら、月が蟹座の前にいる時期、庭のなかで雑草を除草したい部分に、こした水肥をまく。

また、この水肥は、堆肥の質を高めてくれます。堆肥に加えると、植物の成長をよく促してくれるという性質を見せてくれます。

また、雑草からはとても簡単に堆肥が作れるということは、前述のとおりです(42ページ参照)。

さまざまな雑草

つづいて、私たちの研究結果から、特別な性質が確認できた雑草について述べていきたいと思います。

セイヨウトゲアザミ

セイヨウトゲアザミ(*Cirsium arvense*)は、土がぎゅっと詰まっているような場所に、よく生えます。

この雑草を刈り取るには、月が射手座か水瓶座の前にいるときが適しています。刈り取るとき、草汁がたくさん出てきます。その後は、月の上昇期が来るたびにこの雑草を刈り取るよう、気をつけます。そうすると、根は次第に葉を生み出す力がなくなってきます。こうしてこの雑草は絶えていくのです。

スイバ

酸性雨のため、スイバ(*Rumex acetosa*)は欧州ではたいへんはびこりました。月が射手座または水瓶座の前にいるときに、この雑草を何度も刈り取ると、この雑草はしぶとく頑張ろうとします。繁殖を種で防ぐこともできます。太陽と月が獅子座の前にいるときに、スイバの種から灰やD8濃縮液を作り、使います。

スギナ、セイヨウヒルガオ、フキタンポポ

根がとても強いこの3種の雑草、スギナ(*Equisetum arvense*)、セイヨウヒルガオ(*Convolvulus arvensis*)、フキタンポポ(*Tussilago farfara*)は、地下水があるのが明らかにわかるような土地に生えます。排水設備を駆

動させ、地下水を抜き取らないことには、これらを根絶やしにすることはできません。水が通過できない粘土層の上に地下水があるときは、堆肥をまきましょう。これは、これらの雑草たちを減らすのに効果があります。

スギナは根の強い雑草。庭には現れてほしくないものである。しかし、作物植物の保護には、スギナの長所を大いに役立てることができる。

フキタンポポ（*Tussilago farfara*）

菌類による植物の病気

自然界では、菌類というものの一般的役割は、死んだものを分解することです。たとえば夏、古い切り株にセンボンイチメガサやナラタケが生えているのを見ると、ここでは自然な分解プロセスが始まっているのがわかります。馬糞や牛糞の堆肥の山に生えるキノコは、その場にある物質を変化させます。

菌類が属しているのは地表の層です。菌類はそこで自分の仕事をすることができるのです。しかし、菌類はなぜ自分の自然な居場所を去って植物を侵害するのでしょうか？　なぜ菌類は種子に取りつき、害を及ぼし、人間が種子に有毒なコーティング（滅菌剤）をするよう仕向けるのでしょうか？　そこかしこに「死の傾向」がある、ということなのでしょうか？

ルドルフ・シュタイナーは、著書『Landwirtschaftlicher Kurs（農業コース）』のなかで、「月の力が地球にあまりに強く影響したとき、菌類は、自分の本来の居場所である地表を去るのだ」と述べています。月の力は水に関するものに影響を及ぼし、雨が多すぎると、月の力が強くなりすぎます。私たちはスギナのお茶で、菌類を再び地表へと撤退させることができます。このお茶を、菌類に侵害されている植物が生えている土地に散布するのです。

満月と近地点が非常に近い場合、植物たちはより菌類に感染することがわかっている。

私たちは何年も観察し続

けた結果、降雨量が多すぎると月の力が地中で強くなりすぎることを知っています。さらに、満月と月の近地点が非常に近い数年間は、月の力が強くなることを頭に入れておくべきです。その数年間は、作物植物が菌類に侵害される率が高くなります。そこで、スギナのお茶で予防するのです。

長年の観察から、私たちは菌類の被害が増える理由を3つあげることができます。次に述べるアドバイスを念頭に置くと、私たちの経験に基づいた、スギナ茶を使った菌類対策や処置も不要になるでしょう。

1. 降水量が非常に多い年は、月の力が強くなりすぎます。午前中に土を耕す作業をすると助けになります。午前中、土は水分を吐き出しているからです。
2. 完全に成熟していない有機肥料や、堆肥化されていない動物性物質などの不適切な肥料が原因です。菌類の侵害を予防するための最善策は、秋に成熟した堆肥をまくことです。
3. 有害な宇宙の波動が出ている時期に収穫された種子は、翌年、芽を出しても菌類に感染しやすくなります。

スギナ

スギナは、植物にはびこった菌類を地表へ、つまり菌類の本来の居場所へと撤退させることができます。スギナにはなぜそれができるのでしょうか。

まず、イヌスギナを観察してみましょう。最初は緑色の草が育ちますが、後に葉の先に茶色の帽子をつけます。この部分で胞

スギナ(*Equisetum arvense*)

子が育ち、イヌスギナはこの胞子で殖えていきます。菌類もまた同じような繁殖の仕方をします。

スギナは早春のころ、茶色の帽子を先端につけた葉柄を日光に向かって伸ばします。ここから、繁殖するために胞子を世に送り出すのです。その数か月後、ようやく緑色の植物が育ってきます。それには帽子はついておらず、ケイ素をふんだんに含んでいます。スギナは菌類の段階を乗り越えたのです。スギナが菌類の位置を後退させることができるのは、そのためです。

菌類病に対処するためのレシピ

乾燥させた10gのスギナを2ℓの冷水に入れ、これを火にかけ、沸騰させます。20分間煮たら、このお茶を冷まします。これに8ℓの水を加え、10分間よくかき混ぜます。

このお茶をこし、夕方、菌類の病気にかかっている植物（または事前に予防としても）の根元にまきます（100m^{2}につき10ℓ）。樹木が菌類の病気にかかったら、幹や太い枝にも散布します。しつこいケースには、3日連続で夕方にまくとよいでしょう。

菌類病に対処する

上記のような方法でスギナ茶を作る。
お茶を10分間かきまぜる。
このお茶をこし、夕方、菌類に侵された植物の根元にまく。

キャベツ根瘤病はキャベツの仲間のかかる病気のなかで最も恐ろしいものの一つ。

さまざまな植物がかかる菌類の病気

次にあげる例で、野菜や果物が菌類の病気にかかったときの症状を説明し、対処法をアドバイスしたいと思います。

ジャガイモ

ジャガイモを植えたら、葉の日に土を耕したり盛り土をしてはなりません。月が近地点にいるときも同様です。そうしてしまうと、恐ろしい真菌病にかかり、葉や塊茎が腐ってしまうことがよくあります。

キャベツ

キャベツがかかる真菌病で最も恐れられているのは、キャベツ根瘤病です。*Plasmodiophora brassicae*（ネコブカビ）という菌によって引き起こされる病気です。一番の方法は適切な時間で輪作（5年周期）すること（61ページ参照）です。セイヨウアブラナ、ナズナ、緑肥植物としてのカラシナのような、ほかのアブラナ科の植物もまた、この病気にかかります。輪作をする際には、このことも考えなければなりません。また、土中の石灰の量が適切であるかどうかにも気をつけましょう。土のpH値が低すぎると、病気が広がるのを助長してしまいます。

イチゴ

庭に植えるイチゴには特に目をかけてやらなければなりません。菌類がいる地表に広がって育つからです。また、この植物は、水分過多の傾向を解消するため、多量に施肥してはじめてバランスが保てます。元来、イチゴは岩石と温かさを好む植物です（野イチゴは岩山の山腹で、とても元気に育ちます）。しかし、施肥しすぎると、菌類の病気にかかりやすくなります。

さて、庭のアイドルを守るためには、どうすればよいのでしょう。まず、与えてもよいのは十分に熟成させた堆肥だけです。また、植え付けや土を耕す作業は実の日にだけ行うべきです。収穫する時期にも大きな意味があるので、花の日か実の日をお勧めします。実を摘み取ってもよ

イチゴは特に気配りが必要。

菌類の病気にかかったリンゴの木の枝。20分間煮出したスギナ茶を、花の日の夕方に噴霧する。その直後にくる葉の日、やはり夕方に今度はイラクサ茶を噴霧する。こうして植物は、夜間に「別呼吸」し、樹液も上へと上がっていくため、自分でかびを後退させていくことができるようになる。

いのは、露が完全に乾いてからです。119 ページもお読みください。

果　樹

果樹の種類の選択、植え付け、手入れに関しては、私たちは先人がどのようにしていたのかをもう一度学ぶ必要があります。そこから、正しい栽培方法へのよきヒントが得られるのです。

今日ではどこでも、背の低い果樹が出回り、よく宣伝されています。そのため枝はずいぶん下まで、つまり菌類の領域である地表の近くまで伸びるわけです。背の高い樹木、中背の樹木は、低木よりも健康であることが多いのです。

昔は幹をよく手入れしたものでした。『Technologischen Jugendfreund von 1820（1820 年版 青少年のための技術の友）』には、牛糞、粘土、木灰、牛毛で薄い粥状の混合物を作り、乳清を加えてかき混ぜた、という記述があります。これを樹木の幹に塗ったのです（ちなみに牛毛は、日に２度ブラッシングしたときに落ちたものです。今日では普通のことですが、当時は牛を糞だらけの場所にいさせるなど、考えられなかったようです）。

今日では、樹冠（幹から枝の先までを半径とする円状の広がり）の下の土全体や、果樹の根元の除草した部分にさえ、堆肥化されていない肥料をまいてしまうため、これで菌類はさらに活発になってしまいます。このようにして菌類は地表から飛び出して幹や葉、実を侵害するのです。

若木は、有益な宇宙の波動の下で栽培され、世話されるべきです。前述の方法（スギナ茶）では菌類対策が十分とれない場合は、病気にかかった葉を水肥にして散布するのも一つの方法です。

果樹の菌類病に対処するレシピ

菌類病にかかった葉を少々（10ℓのバケツの水に片手一杯ほど）摘み、水と一緒に樽に入れます。この葉は完全に腐らせること。その後、こします。月が蟹座の前にいるとき、その水肥を霧吹きで幹や葉の先端に噴霧します。木の下の土の手入れも必要です。同じ作業を４週間おきに、さらに２度行います。

糸状菌やかさ枯病の場合は、樹木を解放してあげるために、さらにお勧めしたい方法があります。月が蠍座の前にいるとき、病気のため、すでに木の下に落ちている果実（片手一杯）から種を取り（重要！）、たき火で燃やします。その灰からD8濃縮液を作ります。詳しい作り方は73ページを参照してください。これを、３日連続で幹や枝の先、その下の土に噴霧します。４週間後にもう一度、同じ作業をします。

有害生物

野菜や果物などの作物を私たちから奪おうとする生物を、有害生物と呼びます。私たちの側からだけの、非常に主観的な見方であることを先にお断りしておきます。たとえば、ネズミも有害生物に含まれますが、ネコにとっては違います。ネコはネズミが「大好き」で、ネズミでさんざん遊んだあげく、食べます。

アリマキが作物植物についているのを見ると、私たちはたいへん不愉快な思いをしますが、アリたちはこの虫を、まるで私たちが乳牛を飼うように、育て、世話し、敵から守ってやります。アリマキが出す甘い分泌物を手に入れるためです。

虫の被害を受けた場合は、夕方、その植物の根元にイラクサ茶（46ページ参照）かイラクサ水肥をまくと、助けになることが多いでしょう。イラクサは、植物の体液が再び正常に流れるようにし、正常になれば害虫も去っていきます。また、温かい雨にも同様の効果があることが、私たちの観察からわかっています。

宇宙のリズムのほかに、当然ですが、有害生物の餌となるものも重大な意味を持っています。

夏にネズミの被害が多い年は、ノスリ（訳注：ワシタカ科）は例年より卵を多く産みます。イノシシは、カシの木

イエネズミは私たちにとっては有害生物。しかしネコにとっては違う。ネコはネズミを好んで食べる。

がドングリをたくさんつける年には、子供を例年より多く産みます。

別の側面も自然界にはみられ、殖えすぎたために種の危機に瀕した生物は自殺することがわかっています。たとえばタビネズミ（訳注：北欧産のネズミ）は、年によっては数千匹という単位で、海に入っていきます。それは溺れ死ぬためなのです。

有害生物駆除という問題を考えるとき、頭に入れておかなければならないのは、その生物が有害生物となるのは殖えすぎたときだけだということです。最高の環境を作り出している庭では、そのような殖えすぎはほとんど起こりません。そこで、最重要原則です。生物が殖えすぎてしまったら、その原因となった過ちを突き止めなければなりません。生物の習性や生息条件をよく知っておくのです。それだけで、植物に害をなす生物が深刻なほど繁殖しないよう、調整できるのです。これから述べる植物の種類に関しては、私たちはこのような考え方を念頭に置いています。

キャベツとニンジンにつく有害生物

キャベツの仲間には、私たちが対決しなければならない３つの有害生物がいます。モンシロチョウ、サルゾウムシ、キャベツハナバエです。ニンジンでいちばん問題なのはニンジンサビバエです。

モンシロチョウ

庭で作業する人なら誰でもモンシロチョウを知っています。夏、庭で飛び回るそのかわいい姿が見られます。モンシロチョウが害虫にまでなったとき、私たちはニガヨモギ茶か、24時間かけて抽出したイラクサエキスを使います。

キャベツとキャベツの間にトマトを植えると、モンシロチョウは寄りつきません。またはトマトから摘み取ったわき枝をキャベツとキャベツの間に置いてもよいです。

イラクサからは24時間かけてエキスを抽出します。こしたエキスを、モンシロチョウの幼虫はキャベツ類に甚大な被害を及ぼしかねない。

当日中に水で薄め、数時間以内に３回、霧吹きで植物に噴霧します。

サルゾウムシ

サルゾウムシはとても簡単に駆除できます。5月、サルゾウムシは卵を産むために、キャベツが狭苦しく植わっている苗床を探し回ります。狭苦しくはない苗床は避けます。

５月の、太陽と月が牡牛座の前にいるとき、園芸用品店から買ってきた野菜畑用虫除け網でキャベツの苗床を覆います。こうするとサルゾウムシは隣の畑を訪ねます。

キャベツハナバエ

キャベツハナバエは４月と５月の、太陽と月が牡羊座の前にいるとき、私たちの庭に現れ、産卵に適した場所を探します。孵化した幼虫は、茎と根の境目と根の皮を食べつくします。

若い春キャベツは、苗床にいたときよりもさらに地中深くに植えるべきではありません。キャベツの周りに寄せ土をしてもいけません。いずれの場合もキャベツハナバエがつくのを助長してしまいます。

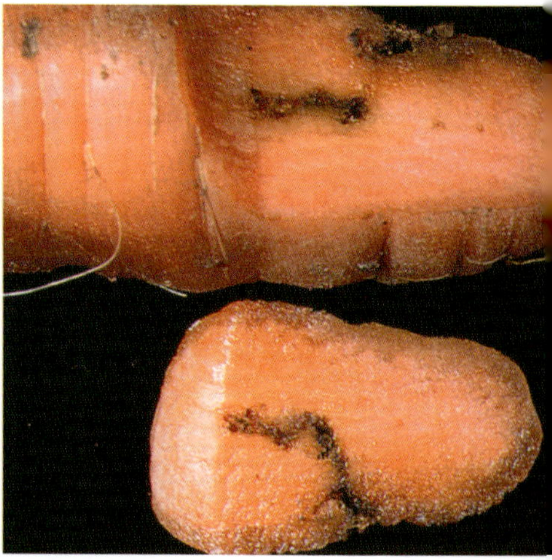

ニンジンサビバエ

ニンジンを、生育に適した環境で栽培し、世話してやると、ニンジンサビバエはニンジンを傷つけないと考えてよいでしょう。

ニンジンはよく耕された、過去２年間は施肥されていない畑を好みます。そのような畑でこそニンジンは蛋白質を十分に形成し、糖分含有量を高められるのです。後に施肥してしまうとニンジンの味は落ちますが、それは私たち人間にとってであり、ニンジンサビバエにとっては違います。施肥されたときこそ、ニンジンを格好の子供部屋だと思うのです。彼らは、卵を根に産みつけるため、そのような状態のニンジンを探すわけです。彼らがより好むのは、泥炭が加えられている土です。根に卵を産みつけるのが、彼らにとっては特に簡単だからです。

ガ

ガを駆除するのもとても簡単です。ガは、茎と根の境目が土に覆われていないニンジンが大好きです。そのようなニンジンは緑色に変色し、葉の香はガが吸収してしまいます。私たちには、この「緑の」ニンジンは苦く感じられますが、ガの幼虫はこれが好きなようです。茎と葉の境目が常に土に隠れているよう気を配れば、被害はずっと少なくなるはずです。

左ページ：
左上：キャベツの茎にできた虫こぶの中のキャベツハナバエの幼虫。
左下：ニガヨモギからお茶を作る。それを茎と根の境目に直接注ぐと、キャベツハナバエの幼虫対策に役立つ。

右上：ニンジンに適した栽培法に従えばニンジンサビバエを恐れる必要はない。
右下：茎と根の境目が土に覆われていない場合、その部分は緑色になる。するとニンジンは苦くなり、ガは理想的な子供部屋だととらえる。

ナメクジ

ナメクジの被害が慢性的になっている農家もあります。なかには、早朝からナイフを握りしめ、食料を横取りする憎き敵を殺そうと待ち伏せする農家もいます。この生物を捕まえて、熱湯をかけて殺す人もいます。怒りにまかせてこのような方法をとるのでしょうが、しかし容認しがたい行為です。これらの方法は無意味なだけではありません。というのは、こうしてまたナメクジたちを周囲から引き寄せているからです。ナメクジたちは、その畑から感じられる墓場のような雰囲気を払拭しようと、やってきてくれるのです。そして昔のように調和のとれた、ナメクジが少ししかいない環境を再生するには、何年もかかることが少なくありません。

私たちは、ナメクジの生態を知るよう心がけるべきです。ナメクジの数を調整する方法がたくさん見つかれば、ナメクジの完全撲滅を目指す人はいなくなるでしょうから。

ナメクジたちは自然のやりくりのなかで重要な任務を果たしています。また、たいて

上：ナメクジは両性生物である。この２匹はつがいとなり、精子を交換している。
下：ナメクジの産卵。

いの地主はナメクジの粘液が常軌を逸するほど恐ろしいことを知っています。

さて、どこで、どのような理由から、ナメクジが繁殖しすぎるのかを考えてみましょう。たとえばナメクジは、「不遇の時代」に人工的に水をかけてもらうのが大好きです。そして彼らが生まれ育つには、土の覆いがたいへん役立ちます。湿気の多い覆いの下で、彼らは理想的な繁殖条件を見いだし、そしてその機会を大いに利用するのです。

ハリネズミはナメクジとの戦いで私たちを大いに支えてくれる。ナメクジは彼らの好物である。

そのほかにも、石灰藻（訳注：死んだサンゴが堆積した、さまざまなミネラルを含む藻状の物質。一般的に害虫・菌類駆除に使われる）や、きちんと堆肥化されていない動物性の物質（羊毛や骨など）がナメクジの大繁殖に貢献してしまうことがわかりました。したがって成熟した、土のようになっている堆肥のみを苗床にまくよう、強くお勧めします。

また、日光と空気が土に触れ、土中にも届くようにしなければなりません。覆いは乾燥する季節にだけ使うべきです。十分雨が降ったら、ただちに覆いは取り払わなければなりません。前にも述べましたが、私たちが水やりをするのは植え替えのときだけです。それ以外は、必要な水を供給するのは天にまかせます。乾燥する時期にだけ、適切な方法で植物を保護しています（67ページ参照）。

ナメクジに関するアドバイス

ナメクジの被害に遭ったら、４月の花の日の早朝、角水晶調合剤を水で薄めてかき混ぜ、全体の土に散布してもよいでしょう。ナメクジは光も太陽も好みません。建築用品店からケイ砂を調達し、脅かされている植物の周りに丁寧にまいても、効果があります。

ハリネズミ、ヒキガエル、アシナガトカゲ、サンショウウオ、またニワトリやアヒルなどの鳥類はナメクジが好物なので、これらの動物を自分の庭で飼うという方法も試すとよいでしょう。私たちはまた、火星が、古典的四大元素である水を通じて地球に力を及ぼす星座（魚座、蟹座、蠍座）の前に位置しているときは、ナメクジが大量に発生するということも確認しています。

ナメクジ水肥

これまでに述べた処置方法を試してもうまくいかなかった場合は、ナメクジ水肥を使うとよいでしょう。ナメクジを50～60匹集め、月が蟹座の前に位置しているときに、ふた付きのバケツに入れ、最後に水をふちまで注ぎます。そして再び月が蟹座の前にくるまで待ちます。そうするとナメクジは完全に腐ります。これを目の細かいものでこし、噴霧します。畑と草地の境目には特に多めに噴霧すること。その後、また新たなナメクジ水肥を作り、同じ畑にまきます。この作業を計3回、4週間おきに行います。

この方法は、ナメクジに塩をかけたり煮殺したりぶつ切りにするよりも、ずっと人道的です。一度に犠牲になるナメクジはたった50～60匹ですから。

自分でナメクジ水肥を作る

上：月が蟹座の前にいるとき50～60匹のナメクジを、きちんとふたが閉まるバケツに入れる。バケツをふちまで水で満たしたら、バケツ内に空気が入らないよう、ふたを堅く閉める。

下：月がまた蟹座の前にきたら、この水肥を苗床に噴霧する。

有害生物の生息数を調整する方法

これまでに述べてきた対策法をすべて試しても、なお有害生物問題が浮上するようであれば、効果をもたらすさらなる術があります。ここで私たちは、有害生物たちと、その想像を絶する超自然的力との間に身を置き、熟考してみなければなりません。数匹の有害生物を燃やし、生物たちが私たちの許容範囲内で繁殖することを願いつつ、適切な星位のときにその灰を「見えざる手」に託すのです。私たちはこれを、繁殖しすぎたタビネズミが見えざる手に導かれて自殺するのと重ね合わせて考えることができます。

とても重要なのは、生物たちを灰にするとき、怒りを込めてはならないということです。そうするとこの作業自体が無意味になってしまうのです。私たちは、偉大な存在の法則に身を投じるよう努めなければなりません。そうすれば自然は私たちの願いを聞き届けてくれるでしょう。

次に、実際に使ってみて効果のあったホメオパシー的方法を紹介します。ただし、私たちのマニュアルに厳密に沿っていただかなければなりません。

マニュアル

まず、有害生物を50～60匹捕まえます。紙製の卵のパックに入れるのがいちばんよいです。これをたきぎで燃やします。燃やすのも畑にまくのも、適切な星位のときでなければなりません（98ページの表参照）。生物と薪の灰をすり鉢に入れ、1時間かけてすりつぶします（1人で）。つまりエネルギー化するのです。その後、このエネルギー化された灰からD8濃縮液を作ります。この混合灰を1gと9mℓの水をふたの閉まるビンに入れて3分間振ります。これでD1濃縮液ができます。これに90mℓの水を加え、また3分間振ります。こうしてD2濃縮液になります。D3濃縮液を作るためには、さらに900mℓの水が必要です。このようにしてD8濃縮液まで進めます。D4を作る過程以降は、また少量から始

有害生物駆除のため、有害生物を燃やしてD8濃縮液を作る

1. 駆除対象となる50～60匹の有害生物を、紙製の卵パックに入れる。これをたきぎで燃やす。
2. 1で出た灰をすり鉢に入れ1時間かけて(1人で)すりつぶす。
3. このエネルギー化された灰からD8濃縮液を作る。

めます。そうでないとD8を作る過程で10万ℓの溶液を振ったりかき混ぜたりすることになってしまいます(73～76ページ参照。全工程を解説しています)。

大きな効果がみられたのは、3日連続で夕方、噴霧したときです(植物を侵害する生物の場合は植物に噴霧、土に害をなす生物の場合は土に噴霧する)。こうすると、さまざまな有害生物の繁殖率が明らかに減ったのです。

必要なら、約4週間後、月の位置が同じになったとき(98ページの表参照)、最初の灰から作ったD4濃縮液(約2年もちます)を、上記と同じようにD8濃縮液にして、3日連続で噴霧します。

ナメクジの大繁殖を緩和するためには、3日連続で夕方、庭中の土に噴霧しなければなりません。

ハツカネズミ、イエネズミなどや鳥などの場合、燃やす時期については拙著『種まきの日』でお読みいただけます。なお、燃やすのは羽や毛です。

最後に強調しておきたいのは、燃やして使うのに適しているのは、その庭や畑で本当に害を及ぼしている生物だけです。

科学実験に使うため研究室で育てられた有害生物を使ったら同じような結果は出なかったと、その実験を行った研究者が教えてくれました。

上：アリマキは私たちの植物につく有害生物のなかで、最もよく知られたものである。
下：バレイショ甲虫（ジャガイモの害虫）。

有害生物を燃やし、その灰やD8濃縮液を作り、散布するべき時期はいつか

有害生物	時　期
モンシロチョウなどのチョウ、ハエ、カ、カメムシ	太陽と月が双子座の前にいるとき、金星と月が双子座の前にいるとき
ガ	太陽と月が魚座の前にいるとき
小型のガ	太陽と月が牡羊座の前にいるとき
コロラド甲虫、バロアダニ(ハチを襲う)、サルゾウムシ、あらゆる有害な甲虫類	太陽と月が牡牛座の前にいるとき
ノスリ、ケラ	太陽が牡牛座の前、月が蠍座の前にいるとき
カイガラムシ	月が山羊座の前にいるとき
ナメクジ	月が蟹座の前、また月と火星が蟹座の前にいるとき
シラミ	月が魚座の前にいるとき
ゾウムシ	月と金星が山羊座の前にいるとき
ダニ、ナミハダニ、リンゴハダニ	月が魚座の前にいるとき

アドバイス

ムナボソコメツキムシの幼虫はイモムシ状ですが、この虫が卵を産むのは、線維素が長年かけて壊れているところ。たとえば、おがくずの山、樹皮から作った堆肥、木の枝を削ったくずが入った堆肥の山などです。3年かけて腐らすと、これらの材料にも堆肥にも、この虫はもう興味を示さなくなります。予防することを考えてみてください。
コメツキムシの幼虫にやられた植物は、昼ごろしおれます。あなたの畑のレタスや穀物にイモムシの痕跡を発見したら、この黄色のイモムシを集めます。成虫を見つけるのは難しいからです。これらを水につけて腐らせ(イモムシはできるだけ多く。少なくとも5ℓの水に20匹)、これを、月と太陽が蟹座の前にいるときに苗床や畑にまきます。

根の植物

根の植物には、根の部分で収穫物を形成するあらゆる植物が含まれます。基本的に、種まきも土を耕す作業も、収穫して保存するのも根の日です。この規則の例外は、これから述べる個々の植物についての解説でお読みいただけます。

また、ジャガイモも根の植物の仲間とします。実際収穫するのは根ではありませんが、成長にしても収穫にしても、ポジティブな反応を見せるのは唯一、根の日なのです。さらに、本来は葉の植物の仲間であるタマネギやニンニクも根の日によい反応を示します。次に、植物別に特に気を配るべき作業に関するアドバイスを述べていきます。

根の植物

ジャガイモ、ニンニク、ニンジン、パースニップ、ハツカダイコン、ダイコン、アカカブ、キクゴボウ、セロリ、スウェーデンカブ、根パセリ、タマネギ

根の植物の栽培 ── ニンジンの場合

根の植物には、種まき、植え替え、土をほぐす作業や手入れ、収穫、保存などを行うには、基本的に根の日を選ぶこと。本書では、例外は個別に書いてある。

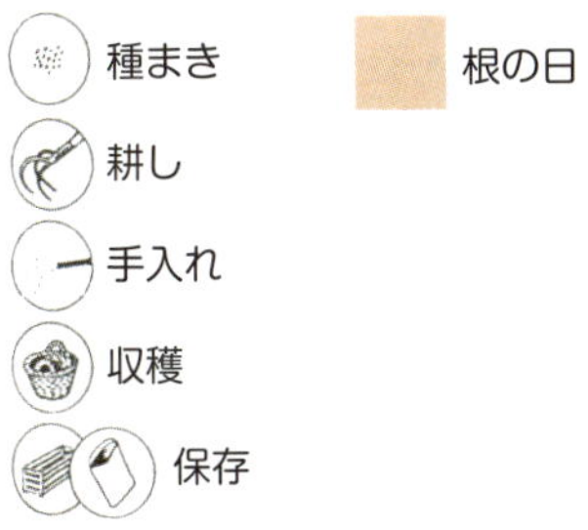

左：根の日に植え、手入れしたニンジンは、形や収穫高、味、質ともによい。
右：葉の日に植えたニンジンは、根が枝分かれする傾向がある。主婦にとっては扱いにくい相手である。

ニンジン

この野菜はあまり早く収穫してはなりません。まだ成熟していない蛋白質を含み、また良質の糖分はわりと遅くに形成されるからです。明らかに質が向上したと確信できたのは、収穫する３～４週間、月が牡羊座または天秤座の前にいるときの午後、角水晶調合剤をまいた場合でした。

葉の日に収穫されたニンジンは保存しても非常に傷みやすいので、この日に収穫するのは絶対に避けるべきです。

アカカブ

この野菜に関しても上の「ニンジン」で述べたことが当てはまります。

アカカブは、根の日のほかに葉の日に種まきをしてもよいです。収穫物には、そのネガティブな影響が全くみられませんでした。葉の日に種をまくと、若いうちは急速に成長するので、かなり雑草に対して優位に立ち、これらに負けずに育つことができます。もっとも、土を耕す作業を行ったり角水晶調合剤を使ったり収穫したりするのは、根の日を選びましょう。根の日に掘り起こされたアカカブは、葉に含まれる窒素量が明らかに多いのですが、葉は堆肥となるので、これはポジティブにとらえることができます。

乾燥部分の多いアカカブを収穫したければ、何をするにも葉の日は避けましょう。アカカブから絞り汁を取るのが目的なら、種まきを根の日に、手入れを葉の日に行うことをお勧めします。

ハツカダイコン

種を収穫するためにハツカダイコンを植えるなら、月が牡羊座の前に位置しているときに種まきをするとよいでしょう。こうすると、種の質にもよい影響を与え、翌年の収穫物の質も高まります。

セロリ

セロリは、太陽が魚座の前にいる時期の根の日に種まきをします。

太陽がまた水瓶座の前にいるときは、種まきをするべきではありません。後に、すが立ってしまう傾向があります。

ハツカダイコン：惑星の位置によっては、惑星が月と星座の波動を覆い隠し、自らの影響を及ぼすことがある。1時間ごとに種まきをすることにより、時間帯の良し悪しの区切りを導き出すことができた。

セロリの種まきに最適なのは、太陽が魚座の前に位置しているときで、なおかつ根の日。

タマネギ

葉の日に植え、葉の日に土を耕したタマネギは、種まきも土を耕す作業も根の日に行ったタマネギと、ほぼ同じ質と収穫高をもたらしました(12ページ参照)。このタマネギを最後に花の日にも保存してみたところ、大きな違いが生まれました。葉の日のタマネギは冬になる前に腐りました。花の日と実の日のタマネギは、クリスマスのころに、すが立ちました。根の日に収穫したタマネギだけが長もちし、なんと翌年の8月までもったのです。そして、太陽が獅子座の領域の前にいるときにようやく葉を出すのです。

また、干草やわらの中でタマネギを貯蔵すると、さらに長もちします。タマネギは糞の堆肥より植物性の堆肥で施肥したほうがよいでしょう。そのほうが、タマネギは健康に育つことが確認されています。糞の堆肥はタマネギバエを招き、幼虫による害が生じてしまいます。

左：前年に収穫したタマネギ。左から、６月の花の日、根の日、実の日に収穫。根の日のポジティブな影響がはっきりとわかる。
右：ジャガイモの植え付け、収穫、保存を比較。ジャガイモの貯蔵に及ぼす根の日（左のジャガイモ）の影響は明らかである。

ニンニク

根の日は球根を植えるのに、明らかに有利です。秋に栽培するほうが、春栽培よりも適しています。なお最適なのは、10月、太陽が乙女座の前に位置しているときです。

すべての作業は根の日に行ったほうがよいです。そうすると、収穫物も最高の出来になり、最も長もちします。

ジャガイモ

10月に、すっかり土のようになった厩肥で施肥され、その後冬の畝にされ、そして耕されて牛糞調合剤を散布された土が、ジャガイモは大好きです。植え付けは根の日に行います。植え付けの際には、角堆肥調合剤を３回まきます。疫病菌を予防するため、芽から２番目の葉が出たら、葉の日の夕方に１度イラクサ茶をまきます。その次にくる根の日の早朝、角水晶調合剤をまき、その後にくる２つの根の日にも、同じものをまきます。なお、１回目の根の日にはバイオダイナミック調合剤の原料となる植物から抽出したお茶を散布します。この作業をすることで、葉がしっかりします。ジャガイモを掘り起こすのは根の日です。これがいちばんよい結果が出るのです。

ジャガイモ用のお茶

いちばんよいのは、葉の日の夕方にイラクサ茶をまくのと、根の日の早朝にカミツレ茶をまくことです。

アドバイス

まだ種の入っている実がついているジャガイモの葉は、燃やしてはいけません。葉は堆肥化しましょう。ルドルフ・シュタイナーは「雑草の種を焼いてその灰を畑にまくと、その雑草の再生能力が落ちる」と言っています。

ジャガイモの葉が増えすぎてしまっても、刈り取ったりしてはいけません。そのようなときは実の日の午後に角水晶調合剤をまくのがよいです。いずれにせよジャガイモが成熟して収穫できるようになるのは、葉が死に絶えてからなのですから。

収穫には根の日を選びます。そうすると、塊茎はしなびません。葉の日に収穫するのは避けなければなりません。収穫物がすぐに腐ってしまうからです。

種芋を収穫するためにジャガイモを植えるのであれば、植え付けは、月が牡羊座の前にいるときに行います。収穫後、保存の際には少量の木灰をふりかけます。こうすると収穫物の健康を保つのにたいへん役立ちます。種芋を収穫するためのジャガイモは、芽をくりぬき、太陽と月が牡羊座の前にいるときに植え付けることもできます。切り取って植えた芽の間隔は、10cm 以上に広げてはなりません。塊茎が大きく育ちすぎ、種芋に不向きになってしまうからです。

切り取った芽は10cm
間隔で植えます。

葉の植物

葉の植物には、葉の部分を収穫物とするすべての植物が含まれます。ブロッコリーに関しては、実験を重ねた結果、花の日が最適の星位であることがわかっています(115ページ参照)。葉の植物は基本的に、葉の日に種をまき、土を耕す作業をし、手入れをします。

しかし、たとえ葉の植物であっても、貯蔵するための植物を収穫する場合、葉の日は全く不適切だと覚えておくことが重要です。その代わりに、花の日または実の日に収穫します。キャベツの仲間なら花の日がよいです。

植物のなかには、タマネギや飼料用ビート、アカカブのように根の日か葉の日に種まきをしてよいものもあります。どちらの日に種まきをし

葉の植物

葉パセリ、葉を使うハーブでエーテル油を含まないもの、チコリ、キャベツの仲間の大半、コールラビ、カリフラワー(ブロッコリーは違います)、フダンソウ、すべてのサラダ菜類、エンダイブ、ノヂシャ、アスパラガス、ホウレンソウ、芝

葉の植物の栽培 ―コールラビの場合

葉の植物は基本的に、葉の日に種をまき、植え付けをし、土をほぐす作業をし、手入れをする。貯蔵用の植物は、花の日に収穫。

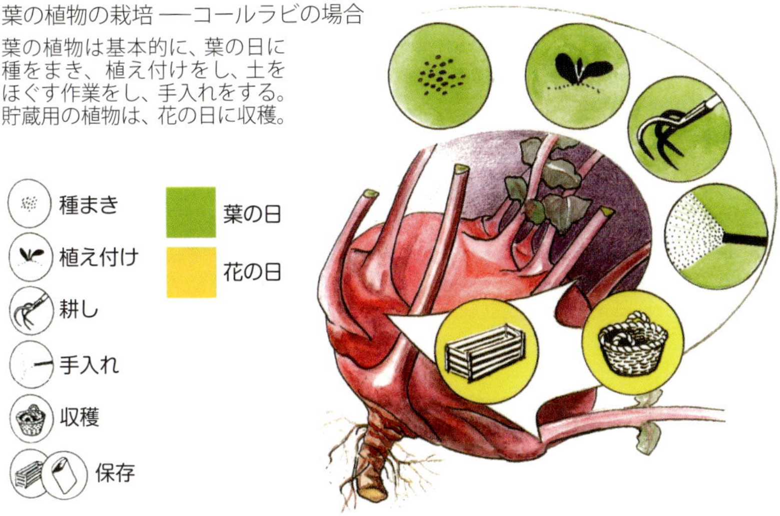

ても、同じような収穫物が得られます。葉の日に植えられたアカカブには、雑草に負けずに育つという利点があります。しかし葉の日に植えられたタマネギには難点があります。それは貯蔵があまりきかないということです。すぐに腐るのです。

以下にあげるのは、各種の野菜に関するアドバイスですが、一般的によく知られている基本的な事柄は省いてあります。

キャベツの仲間

キャベツの仲間すべてに言えることは、収穫前の最後の耕しも角水晶調合剤散布も、貯蔵用野菜として収穫するのも、花の日に行ったほうがよいということです。

キャベツ

ザワークラウトを作るなら、キャベツを収穫するには花の日を選びましょう。種まき、土をほぐす作業その他の手入れは葉の日に行うのがお勧めです。

コールラビ

葉の日に種まきと手入れをすると、ずんぐりした丸くきれいなコールラビがとれます。根の日にこれらの作業をするのは避けましょう。形がいびつになったり、場合によってはかさ枯病になることもあるからです。

収穫物を涼しい貯蔵庫でできるだけ長もちさせたいと思うなら、収穫には花の日を選びましょう。

カリフラワー

たくさん実験を重ねた結果、カリフラワーにとっては葉の日が最適な星位であることがわかりました。花の日や実の日に栽培その他を行ったカリフラワーは、食べごろになる前に花を咲かせてしまうため、収穫できるほど成熟させることができないのです。さらに収穫物は小さく、変な味がします。
根の日に種まきをしたカリフラワーは、花がすぐに枯れてしまうため、食べごろにまで育つ株はあまり残りません。
涼しい貯蔵庫でカリフラワーを長もちさせたい場合は、収穫には花の日を選びましょう。

根の日や、月が近地点にいるときに種まきをすると、カリフラワーの芽はすぐに枯れてしまいます。

レタス

種まきにも手入れにも葉の日を選びましょう。こうするとレタスは最もよく成長します。葉の波動によって、収穫高も質も、明らかに高くなります。

ノヂシャ

ノヂシャは春か夏、必ず葉の日に植えます。ノヂシャが結球することはほとんどありません。それは、ノヂシャが葉の成長に全力を傾けるからです。種から育て、レタスのほどの大きさになった、たいへん柔らかくおいしいノヂシャを収穫したことがあります。冬または春に収穫するには、8月か9月の葉の日に種まきをします。

チコリ

チコリの種まきをするのは葉の日ですが、手入れをする日には根の日を選びます。そうすると、根が力強く成長します。このチコリの根を葉の日に収穫し、一時的にかぶせ土をします。根をきちんと土中に埋めるのは、植え付けの時期の葉の日です。早く収穫したい場合は、月が魚座の前にいるときにこの作業をします。チコリが収穫できるのは春になってからです。月が蟹座または蠍座の前にいるときがお勧めです。

ノヂシャ

ホウレンソウ

ホウレンソウを植える前の秋に、畑1m^2につき1kgの熟成させた堆肥をまくと、ホウレンソウは特によく育ちます。

太陽が魚座の前にいて、月が魚座または蟹座か蠍座の前にいるとき(葉の波動)が種まきの時期としては最高です。種まき後、はじめて土を耕す作業をするのは、野外なら3週間後、温室なら9日後です。耕しと手入れは葉の日に行います。そうするとホウレンソウは最もよく成長するからです。根の日に土を耕すと、土の窒素の含有量が高くなります。種まきと手入れの日に葉の波動がある場合は、窒素量は低下し、糖分と鉄分が多くなります。つまり明らかに質が高くなるわけです。

パセリ

パセリの種まきと手入れをするには、葉の日が最高の星位です。貯蔵用のパセリなら、収穫や保存は花の日に行います。

芝

芝は葉の日に種をまきましょう。土には事前に、熟成した堆肥をまいておきます。種をまいたら、土をかぶせ押し付けます。芝が発芽するためには、種が土に密着していなければならないからです。その後、土を湿らせます。水をやるのは夕方です。

はじめて芝刈りをするのは、月が蟹座の前にいるときがお勧めです。そうすれば、根はすぐにまたしっかりします。こうすると、芝の仲間はよく、密に繁るようになります。芝刈りの後は薄めたイラクサの水肥（1ℓの水肥を40ℓの水で）を散布します。

パセリ

施肥は堆肥で、月が蟹座の前、または蠍座の前にいるときに行います。

芝刈りには２つの選択肢があります。時間がとりにくいなどの理由で、刈る回数を少なくしたければ、花の日を選びます。芝を密に、かつ丈を長めにしたければ、葉の日に芝刈りをします。もっとも、こうすると芝は伸びるのが早くなるので、刈る回数は増えます。

芝を早く、密に育てたい場合は、葉の日に芝刈りをする（左）。
芝刈りをする回数を少なくしたい場合は、花の日に芝刈りをする（右）。

花の植物

花の植物には、花を咲かせたい植物すべてが含まれます。また、個々の花はなるべく長い間咲くようにします。

種まきと手入れは基本的に花の日に行います。収穫のときも同様です。

ヒマワリやセイヨウアブラナなどの油脂作物も、ある意味で花の植物の仲間といえます。種の収穫高が最も多いのは実／種の日に種まきをした場合ですが、最も多く油脂がとれるのは、耕しや角水晶調合剤散布が花の日の早朝に行われた場合です。花の収穫にも同じことがいえます。

次に、個々の植物に関する特別な作業についてアドバイスを記しておきます。

花の植物

花の部分を使う薬草や、ブロッコリー、花、切り花、ドライフラワー用の花、花の球根、バイオダイナミック調合剤用の植物

花の植物の栽培――ムギワラギク（ドライフラワー用）の場合

花の植物は基本的に、種まき、植え付け、耕し、手入れ、収穫すべて花の日に行う。
ムギワラギクは、花の日に収穫したときだけ輝き、長くもつ。

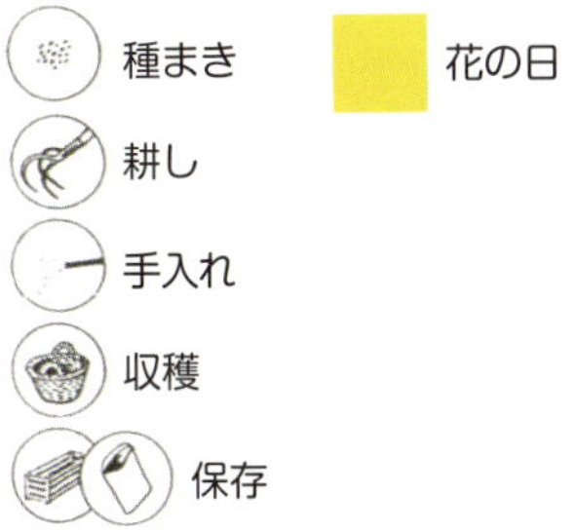

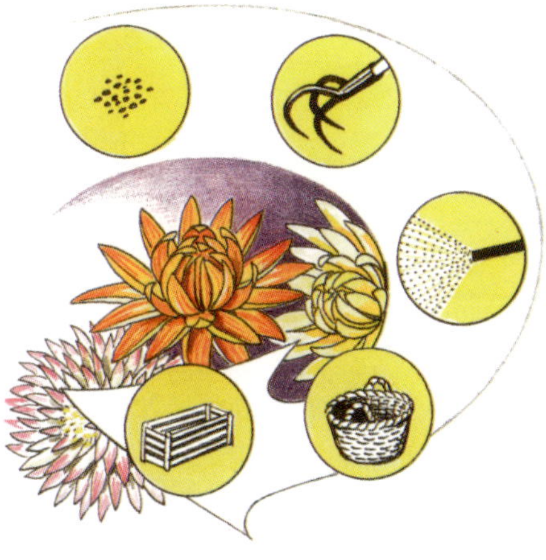

バラ

挿し木用の枝を切るところから収穫まで、すべての作業を花の日に行うことをお勧めします。葉の日に収穫すると、もととなっているバラの木が菌類の病気になるおそれがあります。もしうっかり秋を逃してしまったら、春にイラクサの堆肥を苗床に薄くまき、平らにならします。

強化とバラの葉の菌類病予防のために、イラクサのお茶を作ります。お茶の材料となるのは、生け垣などに生えているイラクサの若葉です。3、4枚の葉を1ℓの水に入れて煮ます。冷ました後、若いバラの葉に噴きかけます。これを花の日に繰り返します。

早くも5月に若い枝がかなり繁茂し、その後もう一度寒い夜が続くと、葉の糖分が増すため、ダニがつくことがあります。寒い夜が続いたら、その後、朝、バラの下の土に水をまきます。すると水分が上までよく吸い上げられるため、ダニは葉に興味を示さなくなります。

わが家のバラの茂み。家と道路の端との間は50cmしかない。秋、よく腐敗した堆肥をバケツ2杯分与え、牛糞調合剤を噴霧する。そして春には角堆肥調合剤を噴霧し、新しい葉が出てきたら花の日の早朝に計3回、角水晶調合剤を葉に吹きつける。

ムギワラギク（ドライフラワー用）

花の日に収穫されたムギワラギクは最高の色鮮やかさを保ちます。ほかの日に収穫されると、すぐに色あせてしまいます。色と香りが最も濃くなるのは、種まき、手入れ、収穫が花の日に行われた場合です。

ゼラニウムとフクシア

地下室で冬を越したゼラニウムとフクシアは、植え付けの時期の花の日に地下室から地上に出し、切り取り、新たに植え付けます。

切り花

植え替えと移植には、植え付けの時期の花の日を選びます。収穫、つまり切り取りも花の日に行いましょう。

そうすると花の香りが最も強く、花は長い間、新鮮さと美しさを保ち、花壇に残された部分は新しい側枝をたくさん出します。こうして花の新たな世代が生まれ、収穫高もより多くなります。

花の球根

花の球根は、11月前半の花の日に植えるのが最適です。

アドバイス

花束をもらうことになりそうなときは、あらかじめ花の日に花瓶に水を入れておきましょう。
切り花は、この水に入れたほうが、ほかの日にくんでおいた水に入れるよりも、長もちします。

プランターに関するアドバイス

花じょうろに卵の殻を入れ、プランターの土に水をやりましょう。週に1度、卵の殻は新しいのと入れ替えます。朝食に飲んだハーブティーの残り、カップ1杯分をじょうろの水（2ℓ）に加えます。これに適しているのは、イラクサ、セイヨウノコギリソウ、カミツレ、タンポポ、キンセンカ、セイヨウオトギリソウから煮出したお茶です。これらのお茶は植物の老化プロセスを遅らせ、植物を強化します。

薬　草

お茶やそれに類する目的で花を収穫するなら、花の日、つまり月が双子座、天秤座、水瓶座の前にいるときを選びます。摘んだ花は陰になっている場所で、紙の上で乾燥させます。

エーテル油脂を含んでいるために栽培される葉の植物（ペパーミントやセイヨウヤマハッカなど）も、その葉を収穫して乾燥させるのは花の日です（28ページ「収穫と保存」の項も参照のこと）。

花の日

切り花は花の日に切ること。そうすることで花は花瓶に挿しても新鮮なまま長もちし、また香りもその日が最も強い。さらに、花壇に残された部分も側枝をたくさん出す。こうして花の収穫量は増えていく。

葉の日に種まきをし、手入れしたブロッコリー。花芽が非常に小さい。

ブロッコリーは花の植物の仲間。これは花の日に種まきをし、手入れをしたもの。きれいに花芽の詰まった姿でそれに応えている。

ブロッコリー

たくさんの実験結果から、ブロッコリーは花の植物として扱われたいのだということがわかっています。種まきのときに、光の波動（13ページ参照）が活発だった場合のみ、きれいに花芽の詰まったブロッコリーを収穫することができたのです。葉の日に種まきをしたブロッコリーは、葉を育てるのに力のすべてを費やし、実の日に種まきをしたものは小さな花芽をたくさんつけました。

調合剤用植物

バイオダイナミック調合剤を作るための植物を栽培・収穫するためには、次のようにアドバイスしたいと思います。花の日の朝、タンポポが開花した直後に摘み取ります。花の中心はまだ閉じたままであること。

カミツレは6月中旬、聖ヨハネの日（6月24日）の直前、花の日に収穫します。収穫するのがもっと遅いと、花はもう種をつけはじめてしまいます。そうなると、効果のあるカミツレ調合剤はもはやできません。

イラクサが最初の花のつぼみを見せたら、それが収穫のときです。花の日に、地上に出ている部分をすべて刈り取り、これでイラクサ調合剤を作ります。

カノコソウは6月後半の花の日に摘みます。

タンポポ(セイヨウタンポポ *Taraxacum officinale*)からは、バイオダイナミックの調合剤ができる。

実の植物

実の植物には、基本的に種まきも手入れも収穫も、実の日に行った場合にポジティブな反応を見せるあらゆる種類の植物が含まれます。

種を収穫するために実の植物を栽培するなら、種まき、手入れ、収穫は実／種の日（獅子座、13ページ参照）に行うのがよいでしょう。この日は種の質を高めるのに特に効果があり、その強さは実の日をしのぐほどです。

実の日は乳製品、ザワークラウト、乳酸を利用する野菜の漬物を作ったり、パンを焼いたりするのに適しています。

次にあげるのは、個々の野菜や果物の種類についてのアドバイスです。

実の植物
インゲン、イチゴ、エンドウ、すべての穀類、カボチャ、ズッキーニ、キュウリ、レンズマメ、トウモロコシ、ピーマン、米、大豆、トマト、低木果樹、高木果樹

実の植物の栽培 ── トマトの場合
実の植物は基本的に実の日に種まきをし、植え付けし、土をほぐし、手入れをし、収穫し、保存する。トマトは太陽が水瓶座の前にいるときに種まきをするのが最善である。

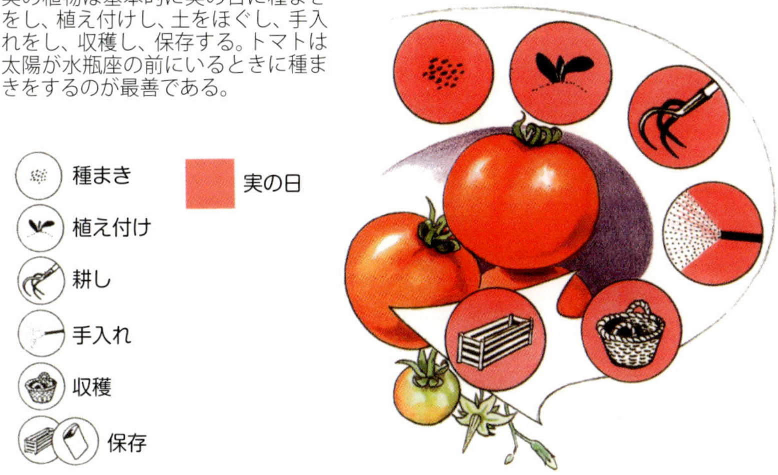

エンドウとインゲン

両方とも、実の日または実／種の日に種まきをし、手入れし、収穫すると、最もよい成果が得られます。

この野菜たちはいずれもマメ科の仲間で、窒素を自らの根瘤に集めます。根の日に種まきをし、手入れをすると、実の収穫量は少ないものの、根瘤の窒素含有量は最も多くなります。そのため、緑肥として使うなら、根の日に作業するのがお勧めです。

エンドウマメは実の植物の仲間。

レンズマメ

「エンドウとインゲン」の項で述べたことが、レンズマメにも当てはまります。私たちの実験からわかったのは、実の日に土を耕し、角水晶調合剤を散布すると、収穫量は目に見えて増える、ということです。

トマト

トマトは必ず、種まきも土を耕す作業も手入れも、実の日に行うべきです。たとえば葉の日に側枝を折ったりすると、そこから菌類の病気にかかるのはまず避けられません。代わりに、花の日に側枝を除去することはできます。

種まきは、太陽が水瓶座の前にいるときの、実の日に行うのが最もよいでしょう。

トマトの種まき、土を耕す作業や手入れ、すべてに適しているのは実の日。

イチゴ

一度、野イチゴを観察してみるとよいかもしれません。そうすると、野イチゴが春に花を咲かせたときは、ほとんど葉をつけないということがわかるでしょう。実とその実にできる種が成熟して落ちると、葉がよく成長し、増え始めます。翌年の花の準備も、このときにすでに始まります。秋、葉は色づき、冬には枯れ落ちます。

同様のことが、私たちの庭のイチゴでも観察できます。香りのよい健康なイチゴを収穫するためには、適切な手入れのもとでイチゴを育てなければなりません。つまり、収穫した直後にはもう、翌年の準備を始めなければならないのです。残ったつるは、植わっている列にきれいに戻します。その後、成熟して土のようになった堆肥を列と列の間にまきます（注意：植物にかからないように）。10ℓのバケツ２杯分の堆肥を10m^2の畑に軽くまいてなじませます。この作業を行うのは、月の下降期、つまり植え付けの時期の実の日がよいでしょう。その後の過程として、実の日にもう2、3回、土を耕す作業をします。バイオダイナミック園芸太陽と月が獅子座の前にいるときに植え付けると、イチゴは最もよく育つ。

私たちの畑は森に近い所にあるので、熟したイチゴを鳥に食べられないよう、網を張らなければならない。

家は、収穫後の耕しの日（実の日）の夕方ごろ、一度、角水晶調合剤を散布します。次の実の日、つまり9日後の朝、角水晶調合剤を散布します。さらに9日後の実の日、角水晶調合剤を午後にまきます。こうしてイチゴをよく活性化することができるのです。翌年の春はもう雑草を取り除くだけでよいのです。それ以上は必要ありません。

収穫は実の日と花の日に行うのが最もよいでしょう。

イチゴは菌類のいる地表の近くで育つので、イチゴの植え付けを行ってもよいのは実の日だけです。そうすると菌類病にかかりにくくなります。

絶対にしてはならないのは、イチゴの葉を刈り取ってしまうことです。一部ではこれを推奨する向きもあるようですが。こうしてしまうと実がたいへん腐りやすくなります。

これらのことをすべて頭に入れておけば、私たちの世話に対して、イチゴは豊富で香り高い健康な収穫物で労をねぎらってくれるでしょう。

高木果樹と低木果樹

高木および低木果樹の植え付けには、すっかり葉が落ちる10月か11月をお勧めします。ここでもまた収穫物の種類に注意しなければなりません。つまり、これらも植え付けの時期の実の日に植える、ということです。

11月は施肥をするのにも向いています。熟成した堆肥を樹幹の下の領域にまきます。土の有機体はこの時期まだ活動しており、有機物を分

セイヨウスグリ

クロスグリ

解しています。重要なのは、堆肥を植え付けの時期（月の下降期）にまくことです。菌類や有害生物を引き寄せることになるので、きちんと腐朽していない肥料を使うべきではありません。

２月中旬から３月中旬までの期間は、挿し木用の枝を切り取るのに適しています。その作業には月の上昇期の、実の日を選びましょう。

接ぎ木用の枝は接ぎ木されるまで、ぬれた布などにくるんで涼しい場所で保管しなければなりません。４月末から５月初旬が、接ぎ木に最適な時期です。私たちはこの作業をするのに、月の上昇期、特にこの期間中の実の日を選びます。

イチゴから挿し芽を切り取るなら、月の上昇期の実の日をお勧めします。挿し芽も接ぎ木と同様、ぬらした布にくるんで３月まで涼しい倉庫に保管します。そしてこの挿し芽を植え付けの時期に土に挿します（ヤナギは花の日に接ぎ木するのが適切です）。１月から３月までは高木果樹から接ぎ木用の枝を切るのに適しています。この作業には植え付け

リンゴは実の植物の仲間。

ナシ

接ぎ木用の枝を果樹から切り取るのは、
２月中旬から３月中旬の月の上昇期。
実の日に切り取るのがお勧め。

の時期の実の日を選びます。もし実の日に作業が終えられなかった場合は、さらに花の日にも作業をしましょう。

果実の収穫には月の上昇期の実の日が適しています。果実は長期間新鮮でみずみずしさを保ちます。貯蔵用の果物は実の日または花の日に収穫するのがいちばんよいです。葉の日は絶対に避けましょう。でないと長もちしません。いちばんよいのは果物を干し草やわらの中で貯蔵することです。これで、より長もちします。果実を収穫した後、いちばんよいのは11月の植え付けの時期ですが、幹に保護剤を塗るのにちょうどよい時期がきます。牛糞と粘土とローム(訳注:粘土質の土)を同量ずつ、乳清と一緒に、にかわ色になるまで混ぜます(乳清は、大量であれば乳製品製造工場などで購入できます)。そして幹や太い枝を針金ブラシできれいにし、はけで上記の混合物を幹や枝に塗りつけます。

この作業を11月にできなかった場合でも、次の2月か3月にすれば遅れを取り戻せます。

高木果樹は4月末から5月初め、月の上昇期の実の日に接ぎ木するのが最もよい。

ダニに侵害されたアンズの枝。

また、有害生物により葉がしおれたときは、菌類病と同様（85～86ページ参照）水肥で手入れをします。
たとえば、ダニに侵害されて葉がしおれたアンズの枝は、これらの葉を摘み取り、月が蟹座の前に位置しているとき、バケツに水をはり、中に入れます。ふたをして4週間おき、月が再び蟹座の前にきたとき、被害を受けている木の下にこの水肥をまきましょう。ほどなくして、健康な新しい葉が生えてきます。

豊富で健康な収穫物

日本語版監修者あとがき

バイオダイナミック農業が日本の「食」を守る

鳥インフルエンザ、ＢＳＥ、残留農薬、偽証表示、期限切れ原料使用、食品添加物などの問題で日本の「食」が脅かされています。食生活においても、「食」を大切にする心や優れた食文化が失われつつあります。栄養の偏り、不規則な食事、「食」に関する正しい知識を持たない人の増加といった問題も生じています。その結果、肥満児童や生活習慣病患者の数は増える一方です。キレやすさと食生活の関係を指摘する声もあります。

今日ほど「食」の問題について人々が関心を持った時代はありません。政府は2005年に、国民に豊かな生活を求め、生産者には安全な食料の提供を要請し、国や自治体には食育（栄養バランスや食文化など食に関する知識を伝える教育）推進施策の策定などを義務づけました（「食育基本法」の施行）。この飽食の日本で、こうした法律を定めなければならないほど、食生活の乱れは危機的状況にあります。いま、社会が求めているのは食の安全・安心です。食の安全を確立することは、私たちや子供たちの「命を守る」基本です。

「食」といえば大地、つまり農業です。その農業は環境そのものといっていいでしょう。環境が健康をつくり、その健康は「食」から始まります。この環境を守らなければ私たちは生きていけません。「この地球という星の環境」を守るために、私たちは何ができるのでしょうか。

環境と農業についてルドルフ・シュタイナーは80年以上も前に、農業経営者と園芸家を前にした講演で次のように警告を発しました。

「化学肥料の使用が土壌の力を低下させ、やがては農業を衰退させてしまう」

その一方でシュタイナーは「地球のすべての営みは惑星や月の運行と密接な関係があり、そのリズムや力を見極めながら大地に根ざした農業を行うべきだ」と提唱しています。

いま人々は「この地球という星の環境」を守らなければならないことに気づき始めています。日本各地で地球にやさしい野菜をつくろうという有機栽培農家が増えていますし、それを支援する団体も続々と誕生しています。休日にはあちこちの市民農園で無農薬・有機肥料による野菜づくりを楽しむ家庭菜園家の姿がみられます。

地方自治体でも「食育基本法」施行を受けて「食」の安全へのさまざまな取組みが始まりました。たとえば、富士山の麓に広がる静岡県富士宮市では、市独自で「健康づくりと食産業を活性化させて日本一元気なまちにしたい」という「フードバレー構想」を立ち上げました。キーワードは「地食健身」。その土地でとれたものを食べて、心も体も健やかになろうという意味が込められています。市内の農業・酪農家は、豊かな水の利用と無農薬栽培などこだわりの生産方式により、安全・安心・高品質な地場農畜産物を生産し、消費者は「富士宮でとれた食材なら、私たちが求める品質と安全を提供してくれる」と期待しています。

こうした動きに対応してホメオパシーグループでは、土を健康にする農業をぜひ実践いただきたいと思い、土壌改善にも大きな効果がある「発酵植物活性液アクティブプラント*」を活用していただける農家の方を広く募集しています。バイオダイナミック農法と天体エネルギー農法、そしてこれにホメオパシーの技術が融合することで、より自然で安全な本来のあるべき農業を実践することができると信じています。

Ph.D.Hom（ホメオパシー博士）由井 寅子
2007年2月1日

*「発酵植物活性液アクティブプラント」：野菜のための酵素ドリンク

日本豊受自然農では、作物の成長促進や土壌改良に、独自に開発した発酵植物活性液を用いています。これは有益な土壌菌を増やし、土を肥やします。土が良い作物を作るのです。野菜や果物を乳酸菌と酵母によって三年間発酵・熟成させた濃縮液です。水で希釈して土壌や野菜、ハーブなどに散布することで、栄養豊富で活力にあふれた作物が育ちます。

お問い合わせ：日本豊受自然農 株式会社　東京事務所　電話03-5797-3371

索　引

【あ】

アカカブ　1, 18, 22, 43, 45, 60-61, 64, 99, 100-101, 105-106
アカキャベツ　58-59, 64
アザミ　48, 77
アシナガトカゲ　94
アスパラガス　19, 105
アヒル　94
アブラナ(アブラナ科)　58-59, 61-63, 66, 83
亜麻　32, 57
アリ　87
アリマキ　87, 97
アンズ　125

【い】

イエネズミ　87, 97
イチゴ　28, 61, 63-64, 84, 117, 119~122
イヌスギナ　81-82
イヌホオズキ　74
イノシシ　87
イラクサ　41, 46, 48, 87-88, 112-113, 116
イラクサ水肥　46, 87, 109
イラクサ茶　45-46, 85, 87-88, 104, 112-113
イワミツバ　41, 74, 77
インゲン　19, 22, 60-61, 64, 66, 117-118

【う】

ウイキョウ　19
植え替え　11, 22, 67-68, 71, 93, 99, 113
植え付け　17, 23, 25~27, 36, 44, 56, 61, 66, 70, 84-85, 103~105, 108, 111, 113, 117, 119, 120~122, 124

【え】

エーテル油(エーテル油脂)　19, 105, 114
エンダイブ　19, 66, 105
エンドウ　19, 57, 64, 117-118

【お】

黄道十二星座　1, 9, 13-14
覆い　37-38, 40, 43-44, 66, 68, 89, 93
遅霜　70

【か】

カ　98
ガ　91, 98
ガーデンクレス　66
カイガラムシ　98
かさ枯病　86, 106
果実　→果物
カタバミ　57
カノコソウ(調合剤)　41, 52, 54, 116, 126
カノコソウ水　54, 70
カノコソウ茶　45
カブ　10, 58-59, 62, 66
カボチャ　19, 117
カミツレ　41, 46, 48, 104, 113, 115
カミツレ茶　45, 104
カメムシ　98
カラシナ　57-58, 62, 83
カラスムギ　43, 74
カリフラワー　10, 19, 22, 42, 45, 58, 60~62, 64, 105~107
間作　66, 70
岩石　32-33, 55, 84
乾燥　46, 52-53, 82, 101, 114
乾燥(季節、時期)　37, 43, 67-68, 93

【き】

キクイモ　64
キクゴボウ　99
キャベツ　19, 22, 28, 30, 43, 50, 58, 61~63, 66, 70, 77, 83, 88~91, 105-106
キャベツハナバエ　88~91
球根　20, 26, 103, 111, 113
牛糞　43, 49, 52-53, 80, 85, 124
牛糞調合剤　38, 40, 52~54, 56, 68, 103, 112

キュウリ　19, 22, 26, 64, 66, 70, 77, 117
キンセンカ　70, 113
キンポウゲ　74, 77
菌類　20, 37, 41, 44, 61, 80~86, 93, 112, 118, 121-122, 125

【く】

クサフジ　74
果物(果実)　28~30, 83, 86-87, 117, 123-124
クロスグリ　121
グンバイナズナ　74

【け】

結球　11, 21, 43, 107
ケラ　98
玄武岩　52-53, 55

【こ】

高木果樹　85, 117, 121-122, 124
コールラビ　16, 19, 22, 45, 62, 64-65, 71, 105-106
穀類　19, 45, 117
コゴメギク　74
古典的(四大)元素　1, 11~15, 32, 36, 94
小麦　43
米　117
コロラド甲虫　98

【さ】

サクランボ　30
挿し木、芽　27, 112, 122
雑草　34~37, 40~43, 58, 62, 70, 72~79, 100, 104, 106, 120
サラダ菜　19, 21, 30, 34, 36, 42-43, 45, 50, 66, 105
サルゾウムシ　88-89, 98
三角形　1, 8, 13-14, 23
サンショウウオ　94

【し】

糸状菌　86
芝　19, 43-44, 46, 67-68, 105, 109-110
シバムギ　41, 74, 77
ジャガイモ　18, 43, 45, 60-61, 63-64, 66, 72, 83, 97, 99, 103-104
収穫　1, 10, 12, 14, 17~22, 27~32, 34, 36, 43, 49~51, 54-55, 57-58, 61~64, 66-67, 72, 81, 84, 99~109, 111~121, 123-124, 126
シュガーピース　64
種子(種)　1, 9, 11~14, 18~23, 28, 32, 34, 36, 41-42, 57-58, 62-63, 69~76, 78, 80-81, 86, 101, 104, 107, 109, 111, 115, 117, 119
種苗　10, 20, 22, 35
シラホシムグラ　74
シラミ　98
飼料用ビート　22, 105
シロキャベツ　31, 62, 64

【す】

水質　68-69
スイートコーン　64
スイセン　26
スイバ　74, 78
スウェーデンカブ　18, 64, 99
スギナ　74, 78-79, 81-82
スギナ茶　80~82, 85-86
ズッキーニ　19, 117

【せ】

星座　1, 8-9, 11~17, 33, 74, 94, 101
成長　9, 11~13, 16, 20~23, 25, 36, 40, 42-43, 45, 49, 51, 62~65, 69, 71-72, 76, 78, 99-100, 107-108, 119
セイヨウアブラナ　57~59, 62, 83, 111
セイヨウオトギリソウ　113
セイヨウゴボウ　18, 64
セイヨウスグリ　121
セイヨウタンポポ　116
セイヨウトゲアザミ　74, 78
セイヨウヌカボ　74
セイヨウネギ　43
セイヨウノコギリソウ　41, 45, 48, 70, 113
セイヨウノダイコン　74
セイヨウヒルガオ　74, 78
セイヨウヤマハッカ　48, 114
ゼラニウム　113
セロリ　22, 43, 64, 70, 99, 101-102
セントポーリア　27

【そ】

ゾウムシ 98
ソバ 57, 70
ソラマメ 64

【た】

ダイコン 18, 45, 57, 62, 64, 66, 99
大豆 19, 117
堆肥 32-33, 36~45, 48-49, 52~55, 63, 76, 78~81, 84, 86, 93, 98, 101-102, 104, 108~110, 112, 119, 121-122
太陽 9, 11, 14~16, 33, 50-51, 78, 89, 93, 98, 101~104, 108, 117-118, 120
タデ 74
ダニ 98, 112, 125
種 →種子
種まき 1, 9~11, 14~23, 25, 28, 32, 34~36, 42, 44, 49~51, 54, 56, 66-67, 71-72, 76, 97, 99, 100~102, 105~109, 111, 113, 115, 117~119
タビネズミ 88, 95
タマネギ 12, 18, 31, 42-43, 45, 64, 67, 99, 102-103, 105-106
タマネギバエ 102
タンポポ 41, 46-47, 113, 115-116
タンポポ茶 45-46

【ち】

地球 9, 11-12, 14-15, 25, 71, 80, 94
チコリ 19, 105, 108
窒素 23-24, 33, 36, 43, 56-57, 63-64, 100, 108, 118
チューリップ 26
チリメンキャベツ 64

【つ】

月（天体の月） 1, 8-9, 11~16, 23, 25~28, 30, 33, 35-36, 50-51, 56, 72~74, 76~78, 80-81, 83, 86, 89, 94, 96, 98, 100-101, 104, 107~110, 114, 119-120, 122~125
接ぎ木、枝 122~124
角水晶調合剤 45, 49~51, 54, 93, 100, 104, 106, 111-112, 118, 120
角堆肥調合剤 45, 49~52, 54, 68, 103, 112, 116

【て】

D8 濃縮液 72-73, 75-76, 78, 86, 95-96, 98
低木果樹 85, 117, 121

【と】

トウモロコシ 19, 43, 117
土中の有機物（有機体） 32-33, 37, 54, 121
トマト 19, 22, 26, 38, 43, 45, 64, 70, 77, 88, 117~119
ドライフラワー 111, 113

【な】

ナシ 122
ナズナ（ペンペングサ） 58, 62, 74, 83
ナミハダニ 98
ナメクジ 37, 68, 92~94, 97-98

【に】

ニガヨモギ 88, 91
ニワトリ 43, 54, 94
ニンジン 1, 18, 22, 43, 45, 50, 64, 66-67, 70, 88, 91, 99-100
ニンジンサビバエ 88, 90-91
ニンニク 18, 99, 103

【ね】

ネギ 64-65
ネコ 87
根瘤 56, 118
ネコブカビ 83
根瘤病 61, 83
根セロリ 18
根の植物 1, 18, 26, 28, 30-31, 35, 45, 50, 99
根の日 1, 12, 16, 18, 22, 24, 26, 28, 30, 35, 45, 50, 56, 68, 99~108, 118
根パセリ 18, 43, 99

【の】

野イチゴ 84, 119
ノゲシ 48
ノスリ 87, 98
ノヂシャ 45, 66, 105, 107-108
ノハラガラシ 74

【は】

パースニップ　18, 43, 64, 67, 99
ハーブ　19, 30, 48, 64, 105, 113
バイオダイナミック　40, 49, 52, 54, 104, 111, 115-116, 119
ハエ　98
ハコベ（コハコベ）　48, 74-75, 77
パセリ　19, 64, 109
ハッカ属　77
ハツカダイコン　1, 20, 49, 64, 99, 101
ハツカネズミ　97
発酵　38, 40~44
波動　1, 9, 11~14, 21~23, 25, 33, 35-36, 51, 62, 72, 81, 86, 101, 107-108, 115
花の植物　18~20, 27-28, 30, 50, 63, 111, 115
花の日　1, 10, 12, 16, 20, 24, 26, 28, 30, 50, 84-85, 93, 102-103, 105~107, 109~116, 118, 121~123
葉の植物　18, 24-25, 27, 30-31, 34, 45, 50, 62, 71, 99, 105, 114
葉の日　1, 10, 12-13, 16, 18-19, 21~25, 28, 30, 34, 36, 42, 45, 50, 56, 68, 77, 83, 85, 100~102, 104~110, 112, 115, 118, 123
葉パセリ　105
パプリカ　19, 64
ハマアカザ属　74
バラ　112
ハリネズミ　93-94
バレイショ甲虫　97
バロアダニ　98
繁殖　12, 40, 45, 76, 78, 82, 88, 93, 95~97

【ひ】

ピーマン　117
光　1, 8, 11~13, 15-16, 32, 40, 43, 50, 82, 93, 115
ヒキガエル　94
ビニールハウス　70
ヒマワリ　32, 111
ヒメオドリコソウ　74
肥料　10, 20, 24, 33, 37, 76-77, 81, 86, 122
ヒレハリソウ　48

【ふ】

ファセリア　57, 62, 70
フキタンポポ　74, 77~79
フクシア　27, 113
フダンソウ　64, 71, 105
冬の畝　34, 37, 54, 103
プルーン　30
ブロッコリー　19-20, 105, 111, 115

【へ】

ヘアリーチャービル　74
ペパーミント　114
ペンペングサ　→ナズナ

【ほ】

ホウレンソウ　19, 42-43, 66, 70, 105, 108
保護剤　124
保存　1, 17-18, 22, 27-28, 30, 49-50, 99-100, 102~105, 109, 111, 114, 117

【ま】

マメ科　25, 56, 61, 63, 118

【み】

水やり　67~69, 93
実の植物　18-19, 22, 28, 30, 117-118, 122
実の日（実／種の日）　1, 12, 16, 19, 21-22, 24, 28, 30, 32, 42, 45, 84, 102-103, 104-105, 107, 115, 117~124

【む】

ムギセンノウ　70
ムギナデシコ　57
ムギワラギク　111, 113
ムナボソコメツキムシ　98

【め】

目印若芽　66
メキャベツ　64

【も】

モグラの丘　35

モンシロチョウ 88-89, 98

【や】

薬草 20, 28, 111
ヤグルマギク 57, 70
野菜
28, 30, 46, 61, 66, 83, 87, 89, 100, 106, 117-118
ヤナギ 122

【ゆ】

有害生物 33, 43, 46, 87-88, 95~98

【よ】

ヨモギ 48

【ら】

ライ麦 63-64, 70
ラベンダー 48

【り】

リズム 9~11, 14, 49, 76, 87
緑肥 34, 54, 56, 58, 62~64, 118
緑肥植物 56-57, 62, 83
リンゴ 30, 85, 122
リンゴハダニ 98
輪作 10, 56, 58, 61~66, 70, 83

【る】

ルドルフ・シュタイナー
10, 50, 70, 76, 80, 104
ルピナス 56-57, 63-64
ルリチシャ 57, 62, 70

【れ】

レタス 11, 19, 23-24, 43, 66, 70, 98, 107
レンズマメ 19, 57, 117-118

【ろ】

ローズヒップ 30

【わ】

惑星 9, 11, 14~17, 51, 101

著者紹介

マリア・トゥーン（Maria Thun）

バイオダイナミック農法の第一人者。
農家の生まれで、幼少のころより父の畑を遊び場にして育つ。
1963年、植物に対する宇宙の影響について初の研究発表。自然の理にかなった農法の研究に携わって50年以上になる。
本書は数言語に翻訳され、天体エネルギー栽培法の入門書として幅広く親しまれている。毎年新しく発行されて30年以上になる『Aussaattage（種まきの日）』は24言語で出版されている。

日本語版監修者紹介

由井 寅子（ゆい・とらこ）

プラクティカル・ホメオパシー大学大学院（英国）終了。ホメオパシー名誉博士／ホメオパシー博士（Hon.Dr.Hom／Ph.D.Hom）。日本ホメオパシー医学協会（JPHMA）会長。カレッジ・オブ・ホリスティック・ホメオパシー（CHhom）学長。インドで刊行の学術雑誌『The Homoeopathic Heritage International』（B. Jain Publishing House）の国際アドバイザー。
体・心・魂を三位一体で治癒に導くZENホメオパシーの実践、ハーネマン研究で海外で高い評価を得て、21世紀のホメオパシーを牽引する世界的な指導者として活躍している。著書、訳書、DVD多数。代表作に『ホメオパシー in Japan』『キッズトラウマ』『予防接種トンデモ論』『インナーチャイルド癒しの実践DVD』など。
◆ Torako Yui オフィシャルサイト http://torakoyui.com/

『種まきカレンダー』のご案内

本書に書かれている栽培法を日本で実践するには、日本時間の『種まきカレンダー』が必要になります。日本時間の『種まきカレンダー』は、ぽっこわぱ耕文舎が監修、イザラ書房から出版されており、ホメオパシー出版でも取り扱っています。

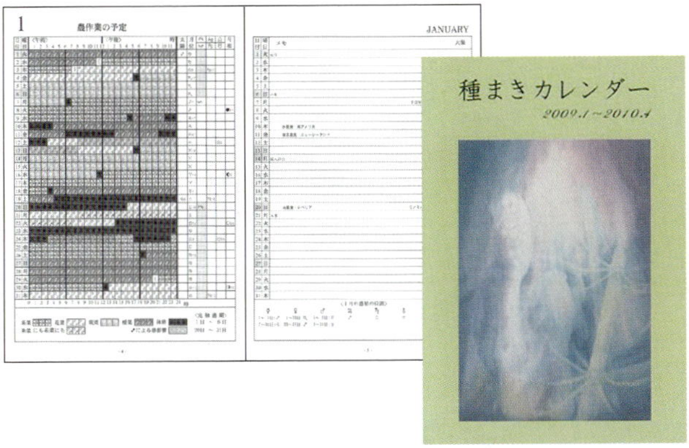

〈ホメオパシー農業選書〉

マリア・トゥーンの天体エネルギー栽培法〈新装版〉

進化したバイオダイナミック農法実践本

2010年4月1日　初　版 第一刷　発行
2017年8月3日　第三版 第一刷　発行

著　者　マリア・トゥーン（Maria Thun）
日本語版監修者　由井 寅子
訳　者　前原 みどり

装　丁　ホメオパシー出版 株式会社
発行所　ホメオパシー出版 株式会社
〒158-0096 東京都世田谷区玉川台 2-2-3
TEL：03-5797-3161　FAX：03-5797-3162
E-mail　info@homoeopathy-books.co.jp

ホメオパシー出版　http://homoeopathy-books.co.jp/
豊受オーガニクスショッピングモール　https://mall.toyouke.com/

Printed in Japan.
ISBN 978-4-86347-028-6　C3047
落丁・乱丁本は、お取替えいたします。